建筑机电安装施工作业要点卡片

通风空调工程

主编：张　强

中国建筑工业出版社

图书在版编目（CIP）数据

通风空调工程/张强主编. —北京：中国建筑
工业出版社，2018.5
（建筑机电安装施工作业要点卡片）
ISBN 978-7-112-21879-0

Ⅰ.①通… Ⅱ.①张… Ⅲ.①通风设备-建筑安装
工程②空气调节设备-建筑安装工程 Ⅳ.①TU83

中国版本图书馆 CIP 数据核字(2018)第 036695 号

建筑机电安装施工作业要点卡片
通风空调工程
主编：张 强

*

中国建筑工业出版社出版、发行 (北京海淀三里河路 9 号)
各地新华书店、建筑书店经销
北京科地亚盟排版公司制版
廊坊市海涛印刷有限公司印刷

*

开本：850×1168 毫米 1/64 印张：2⅜ 字数：67 千字
2018 年 4 月第一版 2018 年 4 月第一次印刷
定价：**12.00** 元
ISBN 978-7-112-21879-0
(31797)

本书包括 7 部分，分别是：送、排风系统；防排烟系统；除尘系统；空调系统；净化空调系统；制冷系统；空调排水系统等内容。本书针对通风空调专业中的关键工序进行编写，突出工序流程主线，明确工序作业中的安全、质量、环保等控制要点，具有重点突出、简明实用的特点。

本要点卡片主要面向施工作业人员，适用于班组作业人员培训和指导施工现场规范化标准化作业。同时，也可用于施工、监理、建设单位技术管理人员掌握工程施工工序要点，检查、监督、控制工程质量安全。

责任编辑：胡明安
责任设计：李志立
责任校对：李美娜

编委会组成名单

编委会主任：况　勇
编委会副主任：熊启春
主　　　编：张　强
副　主　编：侯海苪　　王　杲　　黄伟铭
编委会成员：王　帅　　胡小辉　　郎雪飞
　　　　　　罗爱民　　陈　玲　　吴跃顺
　　　　　　张晓红　　艾小燕　　张　慧

前　　言

为进一步推进建筑安装企业建筑机电业务现场管理和过程控制标准化工作，引导和指导工程技术人员在施工过程中更好地施行标准化作业，组织编写了《建筑机电安装施工作业要点卡片》丛书。

本要点卡片总结了当前建筑机电项目标准化管理经验，体现了深入推进现场管理和过程控制标准化的具体要求，以建筑机电工程现行质量验收标准、施工安全技术规程等为依据，针对机电工程主要专业中的关键工序进行编写，突出工序流程主线，明确工序作业中的安全、质量、环保等控制要点，具有重点突出、简明实用的特点。

本要点卡片主要面向施工作业人员，适用于班组作业人员培训和指导施工现场规范化标准化作业。同时，也可用于施工、监理、建设单位技术管理人员掌握工程施工工序要点，检查、监督、控制工程质量安全。

目　　录

1 送、排风系统

1.1 金属风管与配件制作工序作业要点

卡片编码：通风 101。

序号	作业	前置任务	作业控制要点
1	选材	图纸会审完成，材料及做法已明确	(1) 所使用的板材、型材等主要材料应符合现行国家有关产品标准的规定，并具有合格证明书或质量鉴定文件。 (2) 钢板或镀锌钢板的厚度按设计执行，当设计无规定时，钢板厚度应符合《通风与空调工程施工质量验收规范》GB 50243 中关于板材厚度的规定。 (3) 普通薄钢板要求表面平整光滑，厚度均匀，允许有紧密的氧化铁薄膜；表面应无明显锈斑、氧化层、针孔麻点、起皮、起泡、锌层脱落等弊病，有缺陷的均不得使用
2	放样画线切割下料	现场实地测量完成	(1) 依照风管施工图（或放样图）把风管的表面形状按实际的大小铺在板料上。 (2) 板材剪切前必须进行下料复核，复核无误后按划线形状进行剪切。 (3) 板材下料后在压口之前，必须用倒角机或剪刀进行倒角

序号	作业	前置任务	作业控制要点
3	板材加工成型	板材放线裁剪完成	(1) 折方或卷圆后的钢板用合缝机或手工进行合缝。咬口缝结合应紧密，不得有胀裂和半咬口现象。 (2) 矩形风管弯管制作，一般应采用曲率半径为一个平面边长的内外同心弧形弯管。当采用其他形式的弯管，平面边长大于500mm时，必须设置弯管导流片
4	法兰制作	选材完成	(1) 矩形风管法兰由4根角钢或扁钢组焊而成，划线下料时，应注意使焊成后的法兰内径不能小于风管外径。用切割机切断角钢或扁钢，下料调直后上台钻加工。中、低压系统的风管法兰的铆钉孔及螺栓孔孔距不应大于150mm；高压系统风管的法兰的铆钉孔及螺栓孔孔距不应大于100mm。矩形法兰的四角部位必须设有螺孔。钻孔后的型钢放在焊接平台上进行焊接，焊接时用模具卡紧。 (2) 加工圆形法兰时，先将整根角钢或扁钢在型钢卷圆机上卷成螺旋形状。将卷好后的型钢划线割开，逐个放在平台上找平找正，调整后进行焊接、钻孔。孔位应沿圆周均布，使各法兰可互换使用
5	风管成型	板材成型、法兰完成	(1) 风管与法兰铆接前先进行技术质量复核。将法兰套在风管上，管端留出6~9mm左右的翻边量，管中心线与法兰平面应垂直，然后使用铆钉钳将风管与法兰铆固，并留出四周翻边。

序号	作业	前置任务	作业控制要点
5	风管成型	板材成型、法兰完成	(2) 风管翻边应平整并紧贴法兰，应剪去风管咬口部位多余的咬口层，并保留一层余量；翻边四角不得撕裂，翻拐角边时，应拍打为圆弧形；涂胶时，应适量、均匀，不得有堆积现象
6	风管及配件加固	风管法兰安装完成	(1) 风管加固应符合《通风与空调工程施工质量验收规范》GB 50243 之规定。 (2) 金属风管加固方法：风管加固一般可采用楞筋、立筋、角钢、扁钢、加固筋和管内支撑等形式

钢板风管板材厚度（mm）

类别 风管直径或长边尺寸	圆形风管	矩形风管		除尘系统风管
		中、低压系统	高压系统	
$D(b) \leqslant 320$	0.5	0.5	0.75	1.5
$320 < D(b) \leqslant 450$	0.6	0.6	0.75	1.5
$450 < D(b) \leqslant 630$	0.75	0.6	0.75	2.0
$630 < D(b) \leqslant 1000$	0.75	0.75	1.0	2.0
$1000 < D(b) \leqslant 1250$	1.0	1.0	1.0	2.0
$1250 < D(b) \leqslant 2000$	1.2	1.0	1.2	按设计
$2000 < D(b) \leqslant 4000$	按设计	1.2	按设计	按设计

注：1. 螺旋风管的钢板厚度可适当减小 10%～15%。

2. 排烟系统风管钢板厚度可按高压系统。

3. 特殊除尘系统风管钢板厚度应符合设计要求。

4. 不适用于地下人防与防火隔墙的预埋管。

金属圆形风管法兰及螺栓规格（mm）

风管直径 D	法兰材料规格		螺栓规格
	扁钢	角钢	
$D \leqslant 140$	20×4		M6
$140 < D \leqslant 280$	25×4		
$280 < D \leqslant 630$		25×3	
$630 < D \leqslant 1250$		30×4	M8
$1250 < D \leqslant 2000$		40×4	

金属矩形风管法兰及螺栓规格（mm）

风管长边尺寸 b	法兰材料规格（角钢）	螺栓规格
$b \leqslant 630$	25×3	M6
$630 < b \leqslant 1500$	30×3	M8
$1500 < b \leqslant 2500$	40×4	
$2500 < b \leqslant 4000$	50×5	M10

1.2 风管部件制作工序作业要点

卡片编码：通风 102。

序号	作业	前置任务	作业控制要点
1	选材	图纸会审完成，材料及做法已明确	（1）风管部件与消声器的材质、厚度、规格、型号应严格按照设计要求及相关标准选用，并应具有出厂合格证书或质量鉴定文件。

序号	作业	前置任务	作业控制要点
1	选材	图纸会审完成，材料及做法已明确	(2) 风管部件制作材料，应进行外观检查，各种板材表面应平整，厚度均匀，无明显伤痕，并不得有裂纹、锈蚀等质量缺陷，型材应等型、均匀、无裂纹及严重锈蚀等情况。 (3) 其他材料不能因其本身缺陷而影响或降低产品的质量或使用效果。 (4) 柔性短管应选用防腐、防潮、不透气、不易霉变的材料。防排烟系统的柔性短管的制作材料必须为不燃材料，空气洁净系统的柔性短管应是内壁光滑、不产尘的材料。 (5) 防火阀所选用的零（配）件必须符合有关消防产品标准的规定
2	风口制作	现场实地测量完成	(1) 下料、成型：1) 风口的部件下料及成型应使用专用模具完成。2) 铝制风口所需材料应为型材，其下料成型除应使用专用模具外，还应配备专用的铝材切割机具。 (2) 组装：风口的部件成型后组装，应有专用的工艺装备，以保证产品质量。产品组装后，应进行检验。 (3) 焊接：1) 钢制风口组装后的焊接可根据不同材料，选择气焊或电焊的焊接方式。铝制风口应采用氩弧焊接。2) 焊接均应在非装饰面处进行，不得对装饰面外观产生不良影响。3) 焊接完成后，应对风口进行二次调整。

序号	作业	前置任务	作业控制要点
2	风口制作	现场实地测量完成	(4) 表面处理：1) 风口的表面处理，应满足设计及使用要求，可根据不同材料选择如喷漆、喷塑、烤漆、氧化等方式。2) 油漆的品种及喷涂道数应符合设计文件和相关规范的规定
3	风阀制作	现场实地测量完成	(1) 下料、成型：外框及叶片下料应使用机械完成，成型应尽量采用专用模具。 (2) 零部件加工：风阀内的转动部件应采用耐磨耐腐蚀材料制作，以防锈蚀。 (3) 焊接组装：1) 外框焊接可采用电焊或气焊方式，并应控制焊接变形。2) 风阀组装应按照规定的程序进行，阀门的结构应牢固，调节应灵活、定位应准确、可靠，并应标明风阀的启闭方向及调角度。3) 多叶风阀的叶片间距应均匀，关闭时应相互贴合，搭接应一致，大截面的多叶调节风阀应提高叶片与轴的刚度；并宜实施分组调节。4) 止回阀阀柄必须灵活，阀板关闭严密，转动轴采用不易腐蚀的材料制作。5) 防火阀制作所用钢材厚度不应小于 2mm，转动部件应转动灵活。易熔件应为批准的并检验合格的正规产品，其熔点温度的允许偏差为±20℃。 (4) 风阀组装完成后应进行调整和检验，并根据要求进行防腐处理。

序号	作业	前置任务	作业控制要点
3	风阀制作	现场实地测量完成	(5) 若风阀尺寸过大,可将其分格成若干个小规格的阀门。 (6) 防火阀在阀体制作完成后要加装执行机构,并逐台进行检验阀板的关闭是否灵活和严密
4	罩类制作	板材价格成型完成	(1) 下料:根据不同的罩类形式放样后下料,并尽量采用机械加工。 (2) 成型、组装:1) 罩类部件的组装根据所用材料及使用要求,可采用咬接、焊接等方式,其方法及要求详见风管制作部分。2) 用于排出蒸汽或其他潮湿气体的伞形罩,应在罩口内边采取排除凝结液体的措施。3) 如有要求,在罩类中还应加调节阀、自动报警、自动灭火、过滤、集油装置及设备
5	柔性短管制作	板材价格成型完成	(1) 柔性短管制作可选用人造革、帆布、树脂玻璃布、软橡胶板、增强石棉布等材料。 (2) 柔性短管的长度一般为150~300mm,不宜作为变径管;设于结构变形缝的柔性短管,其长度值为变形缝的宽度加100mm及以上。 (3) 下料后缝制可采用机械或手工方式,但必须保证严密牢固。 (4) 如需防潮,帆布柔性短管可刷帆布专用漆。 (5) 柔性短管与法兰组装可采用钢板压条的方式,通过铆接使两者联合起来。 (6) 柔性短管不得出现扭曲现象,两侧法兰应平行

序号	作业	前置任务	作业控制要点
6	风帽制作	板材价格成型完成	(1) 风帽主要可分为：伞形风帽、锥形风帽和筒形风帽 3 种。伞形风帽可按圆锥形展开下料，咬口或焊接成。 (2) 筒形风帽的圆筒，当风帽规格较小时，帽的两端可翻边卷铁丝加固，风帽规格较大时，可用扁钢或角钢做箍进行加固。 (3) 扩散管可按圆形大小头加工，一端用翻边卷铁丝加固，一端铆上法兰，以便与风帽连接。 (4) 风帽的支撑一般应用扁钢制成，用以连接扩散管、外筒和伞形风帽

1.3 风管系统安装工序作业要点

卡片编码：通风 103，上道工序：风管与配件、部件制作。

序号	作业	前置任务	作业控制要点
1	配合土建预留洞口、预埋直埋风管	钢筋绑扎基本完成	(1) 开工前由项目总工程师对土建结构设计图与下道工序相关的设备安装、建筑装饰等图纸进行对照审核，对各类图纸中反映的预埋套管、预留孔洞作详细的会审研究，确定预埋套管、预留孔洞的位置、大小、规格、数量、材质等是否相互吻合，编制预埋件、预留孔埋设计划。

序号	作业	前置任务	作业控制要点
1	配合土建预留洞口、预埋直埋风管	钢筋绑扎基本完成	(2) 预留孔洞模型应按设计大小、形状进行加工制作。其精度应符合设计要求。严格按测量放线位置正确安装，保证焊接牢固，支撑稳固，不变形和不位移。孔洞的填料均采用塑料带包裹湿锯末，以便验收后便于清理。在浇筑混凝土过程中派专人配合校对，如有移位，及时改正
2	支吊架制作、安装	土建完成结构验收完成	(1) 按照设计图纸，根据土建基准线确定风管标高；并按照风管系统所在的空间位置，确定风管支、吊架形式，设置支、吊点。 (2) 风管支、吊架的形式、材质、加工尺寸、安装间距、制作精度、焊接等应符合设计要求，不得随意更改，开孔必须采用台钻或手电钻，不得用氧乙炔焰开孔
3	风管安装	风管及部件制作完成，支吊架安装完成	(1) 选用不透气、不产尘、弹性好的材料，法兰垫料应尽量减少接头，接头形式采用阶梯形或企口形，接头处应涂密封胶。 (2) 法兰连接时，首先按要求垫好垫料，然后把两个法兰先对正，穿上几颗螺栓并戴上螺母，不要上紧。再用尖冲塞进未上螺栓的螺孔中，把两个螺孔撬正，直到所有螺栓都穿上后，拧紧螺栓。风管连接好后，以两端法兰为准，拉线检查风管连接是否平直。

序号	作业	前置任务	作业控制要点
3	风管安装	风管及部件制作完成，支吊架安装完成	（3）安装顺序为先干管后支管；安装方法应根据施工现场的实际情况确定，可以在地面上连成一定的长度，然后采用整体吊装的方法就位；也可以把风管一节一节地放在支架上逐节连接
4	风口安装	风管安装完成	（1）风口安装应横平、竖直、严密、牢固，表面平整。 （2）带风量调节阀的风口安装时，应先安装调节阀框，后安装风口的叶片框。同一方向的风口，其调节装置应设在同一侧。 （3）散流器风口安装时，应注意风口预留孔洞要比喉口尺寸大，留出扩散板的安装位置。 （4）洁净系统的风口安装前，应将风口擦拭干净，其风口边框与洁净室的顶棚或墙面之间应采用密封胶或密封垫料封堵严密，不能漏风。 （5）球形旋转风口连接应牢固，球形旋转头应灵活，不得晃动。 （6）排烟口与进风口的安装部位应符合设计要求，与风管或混凝土风道的连接应牢固、严密
5	阀部件安装	风管安装完成	（1）风阀安装前应检查框架结构是否牢固，调节、制动、定位等装置是否准确灵活。 （2）风阀的安装同风管的安装，将其法兰与风管或设备的法兰对正，加上密封垫片，上紧螺栓，使其与风管或设备连接牢固、严密。

序号	作业	前置任务	作业控制要点
5	阀部件安装	风管安装完成	(3) 风阀安装时，应使阀件的操纵装置便于人工操作，其安装方向应与阀体外壳标注的方向一致。 (4) 安装完的风阀，应在阀体外壳上有明显和准确的开启方向、开启程度的标志。 (5) 防火阀的易熔片应安装在风管的迎风侧，其熔点温度应符合设计要求
6	保温	风管防腐完成	(1) 绝热材料下料要准确，切割端面要平直。 (2) 粘贴保温钉前要将风管壁上的尘土、油污擦净，将胶粘剂分别涂抹在管壁和保温钉粘接面上，稍后再将其粘上。 (3) 绝热材料铺覆应使纵、横缝错开。小块绝热材料应尽量铺覆在风管上表面

1.4 风机设备安装工序作业要点

卡片编码：通风 104，上道工序：土建交接。

序号	作业	前置任务	作业控制要点
1	基础验收	土建基础钢筋完成	(1) 风机安装前应根据设计图纸对设备基础进行全面检查，坐标、标高及尺寸应符合设备安装要求。 (2) 风机安装前，应在基础表面铲出麻面，以使二次浇灌的混凝土或水泥能与基础连接紧密

续表

序号	作业	前置任务	作业控制要点
2	通风机检查及运输	设备到货	(1) 按设备装箱清单，核对叶轮、机壳和其他部位的主要尺寸，进、出风口的位置方向是否符合实际要求，做好检查记录。 (2) 叶轮旋转方向应符合设备技术文件的规定。 (3) 进、出风口应由盖板严密遮盖。检查各切削加工面，机壳的防锈情况和转子有无变形或锈蚀、碰损的现象。 (4) 搬运设备应有专人指挥，使用的工具及绳索必须符合安全要求
3	设备清洗	检查	(1) 风机安装前，应将轴承、传动部位及调节机构进行拆卸、清洗，使其转动灵活。 (2) 用煤油或汽油清洗轴承时严禁吸烟或用火，以防发生火灾
4	风机安装	风机运输、清洗完成	(1) 风机就位前，按设计图纸并依据建筑物的轴线、边缘线及标高线放出安装基准线。将设计基础表面的油污、泥土杂物清除和地脚螺栓预留孔内的杂物清除干净。 (2) 整体安装的风机，搬运和吊装的绳索不得捆绑在转子和机壳或轴承盖的吊环上。风机吊至基础上后，用垫铁找平，垫铁一般应放在地脚螺栓两侧，斜垫铁必须成对使用。风机安装好后，同一组垫铁应点焊在一起，以免受力时松动。 (3) 风机安装在无减振器的支架上，应垫上4~5mm厚的橡胶板，找平找正后固定牢。 (4) 风机安装在减振器的机座上时，地面要平整，各组减振器承受的荷载压缩量应均匀，不偏心，安装后采取保护措施，防止损坏。

序号	作业	前置任务	作业控制要点
4	风机安装	风机运输、清洗完成	(5) 通风机的机轴应保持水平，水平度允许偏差 0.2/1000；风机与电动机用联轴器连接时，两轴中心线应在同一直线上，两轴线径向位移允许偏差 0.05mm，两轴线倾斜允许偏差为 0.2/1000。 (6) 通风机与电动机用三角皮带传动时，应对设备进行找正，以保证电动机与通风机的轴线平行，并使两个皮带轮的中心线相重合。三角皮带拉紧程度控制在可用手敲打已安装好的皮带中间，宜稍有弹性为准。 (7) 安装通风机与电动机的传动皮带时，操作者应紧密配合，防止将手碰伤。挂皮带轮时不得把手插入皮带轮内，防止事故发生。 (8) 风机的传动装置外露部分应安装防护罩，风机的吸入口或吸入管直通大气时，应加装保护网或其他安全装置。 (9) 通风机出口的接出风管应顺叶轮旋转方向接出弯管。在现场条件允许的情况下，应保证出口至弯管的距离大于或等于风口出口长边尺寸 1.5～2.5 倍。如果受现场条件限制达不到要求，应在弯管内设倒流叶片弥补。 (10) 现场组装风机，绳索的捆绑不得损伤机件表面，转子、轴径和轴封等处均不应作为捆绑部位。 (11) 输送特殊介质的通风机转子和机壳内入口有保护层时，应严加保护。

序号	作业	前置任务	作业控制要点
4	风机安装	风机运输、清洗完成	(12) 大型组装轴流风机,叶轮与机壳的间隙应均匀分布,并符合设计技术文件要求。通风机附属的自控设备和观测仪器、仪表安装,应按设备技术文件规定执行。 (13) 风机试运转:经过全面检查,手动盘车,确认供应电源相序正确后方可送电试运转,运转前对轴承箱必须加上适当的润滑油,并检查各项安全措施;叶轮旋转方向必须正确;在额定转速下试运转时间不得少于 2h。运转后,在检查风机减振基础有无位移和损坏现象,做好记录

1.5 消声设备制作与安装工序作业要点

卡片编码:通风 105。

序号	作业	前置任务	作业控制要点
1	选材	图纸会审完成,材料及做法已明确	(1) 风管部件与消声器的材质、厚度、规格、型号应严格按照设计要求及相关标准选用,并应具有出厂合格证明书或质量鉴定文件。 (2) 风管部件制作材料,应进行外观检查,各种板材表面应平整,厚度均匀,无明显伤痕,并不得有裂纹、锈蚀等质量缺陷,型材应等型、均匀、无裂纹及严重锈蚀等情况。

序号	作业	前置任务	作业控制要点
1	选材	图纸会审完成，材料及做法已明确	（3）其他材料不能因其本身缺陷而影响或降低产品的质量或使用效果。 （4）柔性短管应选用防腐、防潮、不透气、不易霉变的材料。防排烟系统的柔性短管的制作材料必须为不燃材料，空气洁净系统的柔性短管应是内壁光滑、不产尘的材料。 （5）防火阀所选用的零（配）件必须符合有关消防产品标准的规定
2	下料	选材	根据不同的消声器形式放样后下料，并尽量采用机械加工
3	外壳及框架结构施工	下料	（1）消声器外壳根据所用材料及使用要求，应采用咬接、焊接等方式。 （2）消声器框架无论何种材料，必须固定牢固。有方向性的消声器还需装上导流板。 （3）对于金属穿孔板，穿孔的孔径和穿孔率应符合设计及相关技术文件的要求。穿孔板孔口的毛刺应锉平，避免将覆面织布划破。 （4）消声片单体安装时，应有规则的排列，应保持片距的正确，上下两段应装有固定消声片的框架，框架应固定牢固，不得松动
4	填充材料	结构施工	消声材料的填充后应按设计及相关技术文件规定的单位密度均匀进行敷设，需粘贴的应按规定的厚度粘贴牢固，拼缝密实，表面平整

序号	作业	前置任务	作业控制要点
5	覆面	填充	消声材料的填充后应按设计及相关技术文件要求采用透气的覆面材料覆盖，覆盖材料拼接应顺气流方向、拼接密实、表面平整、拉紧、不应有凹凸不平
6	成品检验	覆面	（1）消声器制作尺寸应准确，连接应牢固，其外壳不应有锐边。 （2）消声器制作完成后，应通过专业检测，其性能应能满足设计及相关技术文件规定的要求
7	包装及标识	成品检验	（1）检验合格后，应出具检验合格证明文件。 （2）有规格、型号、尺寸、方向的标识。 （3）包装应符合成品保护的要求
8	消声器的安装	运输	（1）阻性消声器的消声片和消声塞、抗性消声器的膨胀腔、共振性消声器中的穿孔板孔径和穿孔率、共振腔、阻抗复合消声器中的消声片、消声壁和膨胀腔等有特殊要求的部位均应按照设计和标准图进行制作加工、组装。大量使用的消声器、消声弯头、消声风管和消声静压箱应选用专业设备生产厂的产品，产品应具有检测报告和质量证明文件。 （2）消声器等消声设备运输时，不得有变形现象和过大振动，避免未接冲击破坏消声性能。 （3）消声器、消声弯管应单独设支、吊架，不得用风管来支撑，其支、吊架的设置应位置正确、牢固可靠。

序号	作业	前置任务	作业控制要点
8	消声器的安装	运输	（4）消声器支、吊架的横托板穿吊杆的螺孔距离，应比消声器宽 40~50mm。为了便于调节标高，可在吊杆段部套 50~80mm 的丝扣，以便找平、找正。加双螺母固定。 （5）消声器的安装方向必须正确。与风管或管件的法兰连接应保证严密、牢固。 （6）当通风、空调系统有恒温、恒湿要求时，消声设备外壳应作保温处理。 （7）消声器等安装就位后，可用拉线或吊线尺量的方法进行检查，对位置不正、扭曲、接口不齐等不符要求部位进行修整，达到设计和使用的要求

1.6 风管与设备防腐工序作业要点

卡片编码：通风 106，上道工序：风管与设备安装。

序号	作业	前置任务	作业控制要点
1	除锈、去污	材料准备	（1）人工除锈时可用钢丝刷或粗纱布擦拭，直到露出金属光泽，再用棉纱或破布擦净。 （2）喷砂除锈时，所用的压缩空气不得含有油脂和水分，空气压缩机出口处，应装设油水分离器；喷砂所用砂粒，应坚硬且有棱角，筛出其中的泥土杂质，并经过干燥处理。

序号	作业	前置任务	作业控制要点
1	除锈、去污	材料准备	(3) 清除油污，一般可采用碱性溶剂进行清洗
2	油漆施工要点	除锈完成	(1) 油漆作业的方法应根据施工要求、涂料的性能、施工条件、设备情况进行选择。 (2) 涂漆施工的环境温度宜在 5℃以上，相对湿度在 85%以下。 (3) 涂漆施工时空气中必须无煤烟、灰尘和水汽；室外涂漆遇雨、雾时应停止施工
3	涂漆的方式	除锈完成	(1) 手工涂刷：手工涂刷应分层涂刷，每层应往复进行，并保持涂层均匀，不得漏涂；快干漆不宜采用手工涂刷。 (2) 机械涂刷：采用的工具为喷枪，以压缩空气为动力。喷射的漆流应和喷漆面垂直，喷漆面为平面时，喷嘴与喷漆面应相距 250～350mm；喷漆面如为曲面时，喷嘴与喷漆面的距离应为 400mm 左右
4	涂漆施工程序	除锈完成	涂漆施工程序是否合理，对漆膜的质量影响很大。 (1) 第一层底漆或防锈漆，直接涂在工作表面上，与工作表面紧密结合，起防锈、防腐、防水、层间结合的作用；第二层面漆（调和漆和磁漆等），涂刷应精细，使工件获得要求的色彩。

序号	作业	前置任务	作业控制要点
4	涂漆施工程序	除锈完成	（2）一般底漆或防锈漆应涂刷一道到两道；第二层的颜色最好与第一层颜色略有区别，以检查第二层是否有漏涂现象。每层涂刷不易过厚，以免起皱和影响干燥。如发现不干、皱皮、流挂、露底时，须进行修补或重新涂刷。 （3）表面涂漆调和漆或磁漆时，要尽量涂得薄而均匀。如果涂料的覆盖力较差，也不允许任意增加厚度，而应逐次分层涂刷覆盖。每涂一层漆后，应由一个充分干燥的时间，待前一层表干后才能涂下一层

1.7 系统调试工序作业要点

卡片编码：通风 107，上道工序：子分部安装完成。

序号	作业	前置任务	作业控制要点
1	系统外观检查	系统安装完成	（1）核对风机、电动机型号、规格及皮带轮直径是否与设计相符。 （2）检查风机、电动机皮带轮的中心轴线是否平行，地脚螺栓是否已拧紧。 （3）检查风机进、出口处柔性短管是否严密，传动皮带松紧程度是否适合；检查轴承处是否有足够润滑油。

序号	作业	前置任务	作业控制要点
1	系统外观检查	系统安装完成	(4) 用手盘动皮带时，叶轮是否有卡阻现象；检查风机调节阀门的灵活性，定位装置的可靠性； (5) 检查电机、风机、风管接地线连接的可靠性
2	风管漏光、漏风检查	系统安装完成	(1) 漏光法检测。1) 漏光法检测是利用光线对小孔的强穿透力，对系统风管严密程度进行检测的方法。2) 检测应采用具有一定强度的安全光源。手持移动光源可采用不低于 100W 带保护罩的低压照明灯，或其他低压光源。3) 系统风管漏光检测时，光源可置于风管内侧或外侧，但其相对侧应为暗黑环境。检测光源应沿着被检测接口部位与接缝做缓慢移动，在另一侧进行观察，当发现有光线射出，则说明查出明显漏风处，并应做好记录。4) 对系统风管的检测，宜采用分段检测、汇总分析的方法。在严格安装质量管理的基础上，系统风管的检测以总管和干管为主。当采用漏光法检测系统的严密性时，低压系统风管以每 10m 接缝，漏光点不大于 2 处，且 100m 接缝平均不大于 16 处为合格；中压系统风管每 10m 接缝，漏光点不大于 1 处，且 100m 接缝平均不大于 8 处为合格。5) 漏光检测中对发现的条缝形漏光，应做密封处理。

序号	作业	前置任务	作业控制要点
2	风管漏光、漏风检查	系统安装完成	(2) 漏风量测试。1) 低压系统风管的严密性检验应采用抽检,抽检率为 5%,且不得少于 1 个系统。在加工工艺得到保证的前提下,采用漏光法检测。检测不合格时,应按规定的抽检率做漏风量测试。2) 中压系统风管的严密性检验,应在漏光法检测合格后,对系统漏风量测试进行抽检,抽检率为 20%,且不得少于 1 个系统。3) 高压系统风管的严密性检验,为全数进行漏风量测试。系统风管严密性检验的被抽检系统,应全数合格,则视为通过;如有不合格时,则应再加倍抽检,直至全数合格
3	单机无负荷试运转调试	系统安装完成	(1) 点动风机,检查叶轮运转方向是否正确,运转是否平稳,叶轮与机壳有无摩擦和不正常声响。 (2) 风机启动后,应为钳形电流表测量电机的启动电流,待风机运转正常后再测量电动机运转电流,检查电机的运行功率是否符合设备技术文件的规定。 (3) 风机在额定转速下连续运行 2h 后,应用数字温度计测其轴承的温度,滑动轴承外壳最高温度不得超过 70℃,滚动轴承不得超过 80℃

序号	作业	前置任务	作业控制要点
4	风管系统调试	单机无负荷试运转调试	(1) 系统风量的测定内容包括：测定总送风量、新风量、回风量、排风量，以及各干、支风管内风量和送（回）风口的风量等。 (2) 风量调整方法有流量等比分配法、基础风口调整法和逐段分支调整法，调试时可根据空调系统的具体情况采用相应的方法进行调整。 (3) 系统总风量的调整可以通过调节风管上的风阀的开度的大小来实现

2 防排烟系统

2.1 金属风管与配件制作工序作业要点

卡片编码：防排烟，201上道工序。

序号	作业	前置任务	作业控制要点
1	选材	图纸会审完成，材料及做法已明确	(1) 所使用的板材、型材等主要材料应符合现行国家有关产品标准的规定，并具有合格证明书或质量鉴定文件。 (2) 钢板或镀锌钢板的厚度按设计执行，当设计无规定时，钢板厚度应符合《通风与空调工程施工质量验收规范》GB 50243 中关于板材厚度的规定。 (3) 普通薄钢板要求表面平整光滑，厚度均匀，允许有紧密的氧化铁薄膜；表面应无明显锈斑、氧化层、针孔麻点、起皮、起泡、锌层脱落等弊病，有缺陷的均不得使用
2	放样画线切割下料	现场实地测量完成	(1) 依照风管施工图（或放样图）把风管的表面形状按实际的大小铺在板料上。 (2) 板材剪切前必须进行下料复核，复核无误后按划线形状进行剪切。 (3) 板材下料后在压口之前，必须用倒角机或剪刀进行倒角

序号	作业	前置任务	作业控制要点
3	板材加工成型	板材防线裁剪完成	(1) 折方或卷圆后的钢板用合缝机或手工进行合缝。咬口缝结合应紧密，不得有胀裂和半咬口现象。 (2) 矩形风管弯管制作，一般应采用曲率半径为一个平面边长的内外同心弧形弯管。当采用其他形式的弯管，平面边长大于 500mm 时，必须设置弯管导流片
4	法兰制作	选材完成	(1) 矩形风管法兰由 4 根角钢或扁钢组焊而成，划线下料时，应注意使焊成后的法兰内径不能小于风管外径。用切割机切断角钢或扁钢，下料调直后用台钻加工。中、低压系统的风管法兰的铆钉孔及螺栓孔孔距不应大于 150mm；高压系统风管的法兰的铆钉孔及螺栓孔孔距不应大于 100mm。矩形法兰的四角部位必须设有螺孔。钻孔后的型钢放在焊接平台上进行焊接，焊接时用模具卡紧。 (2) 加工圆形法兰时，先将整根角钢或扁钢在型钢卷圆机上卷成螺旋形状。将卷好后的型钢划线割开，逐个放在平台上找平找正，调整后进行焊接、钻孔。孔位应沿圆周均布，使各法兰可互换使用
5	风管成型	板材成型、法兰完成	(1) 风管与法兰铆接前先进行技术质量复核。将法兰套在风管上，管端留出 6～9mm 左右的翻边量，管中心线与法兰平面应垂直，然后使用铆钉钳将风管与法兰铆固，并留出四周翻边。

序号	作业	前置任务	作业控制要点
5	风管成型	板材成型、法兰完成	(2) 风管翻边应平整并紧贴法兰，应剪去风管咬口部位多余的咬口层，并保留一层余量；翻边四角不得撕裂，翻拐角边时，应拍打为圆弧形；涂胶时，应适量、均匀，不得有堆积现象
6	风管及配件加固	风管法兰安装完成	(1) 风管加固应符合《通风与空调工程施工质量验收规范》GB 50243 之规定。 (2) 金属风管加固方法。风管一般可采用楞筋、立筋、角钢、扁钢、加固筋和管内支撑等形式

钢板风管板材厚度（mm）

类别 风管直径或 长边尺寸	圆形风管	矩形风管		除尘系统风管
		中、低压系统	高压系统	
$D(b)\leqslant320$	0.5	0.5	0.75	1.5
$320<D(b)\leqslant450$	0.6	0.6	0.75	1.5
$450<D(b)\leqslant630$	0.75	0.6	0.75	2.0
$630<D(b)\leqslant1000$	0.75	0.75	1.0	2.0
$1000<D(b)\leqslant1250$	1.0	1.0	1.0	2.0
$1250<D(b)\leqslant2000$	1.2	1.0	1.2	按设计
$2000<D(b)\leqslant4000$	按设计	1.2	按设计	

注：1. 螺旋风管的钢板厚度可适当减小 10%～15%。

2. 排烟系统风管钢板厚度可按高压系统。

3. 特殊除尘系统风管钢板厚度应符合设计要求。

4. 不适用于地下人防与防火隔墙的预埋管。

金属矩形风管法兰及螺栓规格（mm）

风管长边尺寸 b	法兰材料规格（角钢）	螺栓规格
$b{\leqslant}630$	$25{\times}3$	M6
$630{<}b{\leqslant}1500$	$30{\times}3$	M8
$1500{<}b{\leqslant}2500$	$40{\times}4$	
$2500{<}b{\leqslant}4000$	$50{\times}5$	M10

金属圆形风管法兰及螺栓规格（mm）

风管直径 D	法兰材料规格		螺栓规格
	扁钢	角钢	
$D{\leqslant}140$	$20{\times}4$		M6
$140{<}D{\leqslant}280$	$25{\times}4$		
$280{<}D{\leqslant}630$		$25{\times}3$	
$630{<}D{\leqslant}1250$		$30{\times}4$	M8
$1250{<}D{\leqslant}2000$		$40{\times}4$	

2.2 风管部件制作工序作业要点

卡片编码：防排烟 202，上道工序。

序号	作业	前置任务	作业控制要点
1	选材	图纸会审完成，材料及做法已明确	（1）风管部件与消声器的材质、厚度、规格、型号应严格按照设计要求及相关标准选用，并应具有出厂合格证明书或质量鉴定文件。 （2）风管部件制作材料，应进行外观检查，各种板材表面应平整，厚度均匀，无明显伤痕，并不得有裂纹、锈蚀等质量缺陷，型材应等型、均匀、无裂纹及严重锈蚀等情况。

序号	作业	前置任务	作业控制要点
1	选材	图纸会审完成，材料及做法已明确	(3) 其他材料不能因其本身缺陷而影响或降低产品的质量或使用效果。 (4) 柔性短管应选用防腐、防潮、不透气、不易霉变的材料。防排烟系统的柔性短管的制作材料必须为不燃材料，空气洁净系统的柔性短管应是内壁光滑、不产尘的材料。 (5) 防火阀所选用的零（配）件必须符合有关消防产品标准的规定
2	风口制作	现场实地测量完成	(1) 下料、成型：1) 风口的部件下料及成型应使用专用模具完成。2) 铝制风口所需材料应为型材，其下料成型除应使用专用模具外，还应配备有专用的铝材切割机具。 (2) 组装：风口的部件成型后组装，应有专用的工艺装备，以保证产品质量。产品组装后，应进行检验。 (3) 焊接：1) 钢制风口组装后的焊接可根据不同材料，选择气焊或电焊的焊接方式。铝制风口应采用氩弧焊接。2) 焊接均应在非装饰面处进行，不得对装饰面外观产生不良影响。3) 焊接完成后，应对风口进行二次调整。 (4) 表面处理：1) 风口的表面处理，应满足设计及使用要求，可根据不同材料选择如喷漆、喷塑、烤漆、氧化等方式。2) 油漆的品种及喷涂道数应符合设计文件和相关规范的规定

序号	作业	前置任务	作业控制要点
3	风阀制作	现场实地测量完成	(1) 下料、成型：外框及叶片下料应使用机械完成，成型应尽量采用专用模具。 (2) 零部件加工：风阀内的转动部件应采用耐磨耐腐蚀材料制作，以防锈蚀。 (3) 焊接组装：1) 外框焊接可采用电焊或气焊方式，并应控制焊接变形。2) 风阀组装按照规定的程序进行，阀门的结构应牢固，调节应灵活、定位应准确、可靠，并应标明风阀的启闭方向及调角度。3) 多叶风阀的叶片间距应均匀，关闭时应相互贴合，搭接应一致，大截面的多叶调节风阀应提高叶片与轴的刚度；并宜实施分组调节。4) 止回阀阀轴必须灵活，阀板关闭严密，转动轴采用不易腐蚀的材料制作。5) 防火阀制作所用钢材厚度不应小于 2mm，转动部件应转动灵活。易熔件应为批准的并检验合格的正规产品，其熔点温度的允许偏差为 ±20℃。 (4) 风阀组装完成后应进行调整和检验，并根据要求进行防腐处理。 (5) 若风阀尺寸过大，可将其分格成若干个小规格的阀门。 (6) 防火阀在阀体制作完成后要加装执行机构，并逐台进行检验阀板的关闭是否灵活和严密
4	罩类制作	板材价格成型完成	(1) 下料：根据不同的罩类形式放样后下料，并尽量采用机械加工。

序号	作业	前置任务	作业控制要点
4	罩类制作	板材价格成型完成	(2) 成型、组装：1）罩类部件的组装根据所用材料及使用要求，可采用咬接、焊接等方式，其方法及要求详见风管制作部分。2）用于排出蒸汽或其他潮湿气体的伞形罩，应在罩口内边采取排除凝结液体的措施。3）如有要求，在罩类中还应加调节阀、自动报警、自动灭火、过滤、集油装置及设备
5	柔性短管制作	板材价格成型完成	(1) 柔性短管制作可选用人造革、帆布、树脂玻璃布、软橡胶板、增强石棉布等材料。 (2) 柔性短管的长度一般为 150～300mm，不宜作为变径管；设于结构变形缝的柔性短管，其长度值为变形缝的宽度加 100mm 及以上。 (3) 下料后缝制可采用机械或手工方式，但必须保证严密牢固。 (4) 如需防潮，帆布柔性短管可刷帆布专用漆。 (5) 柔性短管与法兰组装可采用钢板压条的方式，通过铆接使两者联合起来。 (6) 柔性短管不得出现扭曲现象，两侧法兰应平行
6	风帽制作	板材价格成型完成	(1) 风帽主要可分为：伞形风帽、锥形风帽和筒形风帽三种。伞形风帽可按圆锥形展开下料，咬口或焊接制成。 (2) 筒形风帽的圆筒，当风帽规格较小时，帽的两端可翻边卷铁丝加固，风帽规格较大时，可用扁钢或角钢做箍进行加固。

序号	作业	前置任务	作业控制要点
6	风帽制作	板材价格成型完成	(3) 扩散管可按圆形大小头加工，一端用翻边卷铁丝加固，一端铆上法兰，以便与风管连接。 (4) 风帽的支撑一般应用扁钢制成，用以连接扩散管、外筒和伞形帽

2.3 风管系统安装工序作业要点

卡片编码：防排烟 203，上道工序：风管与配件、部件制作。

序号	作业	前置任务	作业控制要点
1	配合土建预留洞口、预埋直埋风管	钢筋绑扎基本完成	(1) 开工前由项目总工程师对土建结构设计图与下道工序相关的设备安装、建筑装饰等图纸进行对照审核，对各类图纸中反映的预埋套管、预留孔洞作详细的会审研究，确定预埋套管、预留孔洞的位置、大小、规格、数量、材质等是否相互吻合，编制预埋件、预留孔埋设计划。

序号	作业	前置任务	作业控制要点
1	配合土建预留洞口、预埋直埋风管	钢筋绑扎基本完成	(2) 预留孔洞模型应按设计大小、形状进行加工制作。其精度应符合设计要求。严格按测量放线位置正确安装，保证焊接牢固，支撑稳固，不变形和不位移。孔洞的填料均采用塑料带包裹湿锯末，以便验收后便于清理。在浇筑混凝土过程中派专人配合校对，如有移位，及时改正
2	支吊架制作、安装	土建完成结构验收完成	(1) 按照设计图纸，根据土建基准线确定风管标高；并按照风管系统所在的空间位置，确定风管支、吊架形式，设置支、吊点。 (2) 风管支、吊架的形式、材质、加工尺寸、安装间距、制作精度、焊接等应符合设计要求，不得随意更改，开孔必须采用台钻或手电钻，不得用气割开孔
3	风管安装	风管及部件制作完成，支吊架安装完成	(1) 法兰密封垫料。选用不透气、不产尘、弹性好的材料，法兰垫料应尽量减少接头，接头形式采用阶梯形或企口形，接头处应涂密封胶。 (2) 法兰连接时，首先按要求垫好垫料，然后把两个法兰先对正，穿上几颗螺栓并戴上螺母，不要拧紧。再用尖冲塞进未上螺栓的螺孔中，把两个螺孔撬正，直到所有螺栓都穿上后，拧紧螺栓。风管连接好后，以两端法兰为准，拉线检查风管连接是否平直。

序号	作业	前置任务	作业控制要点
3	风管安装	风管及部件制作完成，支吊架安装完成	(3) 安装顺序为先干管后支管；安装方法应根据施工现场的实际情况确定，可以在地面上连成一定的长度，然后采用整体吊装的方法就位；也可以把风管一节一节地放在支架上逐节连接
4	风口安装	风管安装完成	(1) 风口安装应横平、竖直、严密、牢固，表面平整。 (2) 带风量调节阀的风口安装时，应先安装调节阀框，后安装风口的叶片框。同一方向的风口，其调节装置应设在同一侧。 (3) 散流器风口安装时，应注意风口预留孔片要比喉部尺寸大，留出扩散板的安装位置。 (4) 洁净系统的风口安装前，应将风口擦拭干净，其风口边框与洁净室的顶棚或墙面之间应采用密封胶或密封垫料封堵严密，不能漏风。 (5) 球形旋转风口连接应牢固，球型旋转头要灵活，不得晃动。 (6) 排烟口与进风口的安装部位应符合设计要求，与风管或混凝土风道的连接应牢固、严密
5	阀部件安装	风管安装完成	(1) 风阀安装前应检查框架结构是否牢固，调节、制动、定位等装置是否准确灵活。

序号	作业	前置任务	作业控制要点
5	阀部件安装	风管安装完成	(2) 风阀的安装同风管的安装，将其法兰与风管或设备的法兰对正，加上密封垫片，拧紧螺栓，使其与风管或设备连接牢固、严密。 (3) 风阀安装时，应使阀件的操纵装置便于人工操作，其安装方向应与阀体外壳标注的方向一致。 (4) 安装完的风阀，应在阀体外壳上有明显和准确的开启方向、开启程度的标志。 (5) 防火阀的易熔片应安装在风管的迎风侧，其熔点温度应符合设计要求
6	保温	风管防腐完成	(1) 绝热材料下料要准确，切割端面要平直。 (2) 粘保温钉前要将风管壁上的尘土、油污擦净，将胶粘剂分别涂抹在管壁和保温钉粘接面上，稍后再将其粘上。 (3) 绝热材料铺覆应使纵、横缝错开。小块绝热材料应尽量铺覆在风管上表面

2.4 风口与风阀安装工序作业要点

卡片编码：防排烟 204，上道工序：风管安装。

序号	作业	前置任务	作业控制要点
1	风口安装	技术准备	(1) 风口安装应横平、竖直、严密、牢固、表面平整。

序号	作业	前置任务	作业控制要点
1	风口安装	技术准备	(2) 带风量调节阀的风口安装时，应先安装调节阀框，后安装风口的叶片线。同一方向的风口，其调节装置应设在同一侧。 (3) 散流器风口安装时，应注意风口预留孔洞要比喉口尺寸大，留出扩散板的安装位置。 (4) 洁净系统的风口安装前，应将风口擦拭干净，其风口边框与洁净室的顶棚或墙面之间应采用密封胶或密封垫料封堵严密，不得漏风。 (5) 球形旋转风口连接应牢固，球形旋转头要灵活，不得空阔晃动。 (6) 排烟口与送风口的安装部位应符合设计要求，与风管或混凝土风道的连接应牢固、严密
2	风阀安装	技术准备	(1) 风阀安装前应检查框架结构是否牢固，调节、制动、定位等装置是否准确灵活。 (2) 风阀的安装同风管的安装，将其法兰与风管或设备的法兰对正，加上密封垫片，拧紧螺栓，使其与风管或设备连接牢固、严密。 (3) 风阀安装时，应使阀件的操纵装置便于人工操作。其安装的方向应与阀体外壳标注的方向一致。 (4) 安装完的风阀，应在阀体外壳上有明显和准确的开启方向、开启程度的标志。

序号	作业	前置任务	作业控制要点
2	风阀安装	技术准备	（5）防火阀的易熔片应安装在风管的迎风侧，其熔点的温度应符合设计要求

2.5 风管与设备防腐工序作业要点

卡片编码：防排烟 205，上道工序：风管与设备安装。

序号	作业	前置任务	作业控制要点
1	除锈、去污	材料准备	（1）人工除锈时可用钢丝刷或粗纱布擦拭，直到露出金属光泽，再用棉纱或破布擦净。 （2）喷砂除锈时，所用的压缩空气不得含有油脂和水分，空气压缩机出口处，应装设油水分离器；喷砂所有砂粒，应坚硬且有棱角，筛出其中的泥土杂质，并经过干燥处理。 （3）清除油污，一般可采用碱性溶剂进行清洗
2	油漆施工要点	除锈完成	（1）油漆作业的方法应根据施工要求、涂料的性能、施工条件、设备情况进行选择。 （2）涂漆施工的环境温度宜在 5℃ 以上，相对湿度在 85% 以下。 （3）涂漆施工时空气中必须无煤烟、灰尘和水汽；室外涂漆遇雨、雾时应停止施工

序号	作业	前置任务	作业控制要点
3	涂漆的方式	除锈完成	(1) 手工涂刷：手工涂刷应分层涂刷，每层应往复进行，并保持涂层均匀，不得漏涂；快干漆不宜采用手工涂刷。 (2) 机械涂刷：采用的工具为喷枪，以压缩空气为动力。喷射的漆流应和喷漆面垂直，喷漆面为平面时，喷嘴与喷漆面应相距 250～350mm；喷漆面如为曲面时，喷嘴与喷漆面的距离应为 400mm 左右
4	涂漆施工程序	除锈完成	涂漆施工程序是否合理，对漆膜的质量影响很大。 (1) 第一层底漆或防锈漆，直接涂在工作表面上，与工作表面紧密结合，起防锈、防腐、防水、层间结合的作用；第二层面漆（调和漆和磁漆等），涂刷应精细，使工件获得要求的色彩。 (2) 一般底漆或防锈漆应涂刷一道到两道；第二层的颜色最好与第一层颜色略有区别，以检查第二层是否有漏涂现象。每层涂刷不宜过厚，以免起皱，影响干燥。如发现不干、皱皮、流挂、露底时，须进行修补或重新涂刷。

序号	作业	前置任务	作业控制要点
4	涂漆施工程序	除锈完成	(3) 表面涂调和漆或磁漆时,要尽量涂的薄而均匀。如果涂料的覆盖力较差,也不允许任意增加厚度,而应逐次分层涂刷覆盖。每涂一层漆后,应由一个充分干燥的时间,待前一层表干后才能涂下一层

2.6 风机安装工序作业要点

卡片编码:防排烟 206,上道工序:土建交接。

序号	作业	前置任务	作业控制要点
1	基础验收	土建基础钢筋完成	(1) 风机安装前应根据设计图纸对设备基础进行全面检查,坐标、标高及尺寸应符合设备安装要求。 (2) 风机安装前应在基础表面铲出麻面,以使二次浇灌的混凝土或水泥能与基础连接紧密
2	通风机检查及运输	设备到货	(1) 按设备装箱清单,核对叶轮、机壳和其他部位的主要尺寸,进、出风口的位置方向是否符合实际要求,做好检查记录。 (2) 叶轮旋转方向应符合设备技术文件的规定。

序号	作业	前置任务	作业控制要点
2	通风机检查及运输	设备到货	（3）进、出风口应由盖板严密遮盖。检查各切削加工面，机壳的防锈情况和转子有无变形或锈蚀、碰损的现象。 （4）搬运设备应有专人指挥，使用的工具及绳索必须符合安全要求
3	设备清洗	检查	（1）风机安装前，应将轴承、传动部位及调节机构进行拆卸、清洗，使其转动灵活。 （2）用煤油或汽油清洗轴承时严禁吸烟或用火，以防发生火灾
4	风机安装	风机运输、清洗完成	（1）风机就位前，按设计图纸并依据建筑物的轴线、边缘线及标高线放出安装基准线。将设计基础表面的油污、泥土杂物清除和地脚螺栓预留孔内的杂物清除干净。 （2）整体安装的风机，搬运和吊装的绳索不得捆绑在转子和机壳或轴承盖的吊环上。风机吊至基础上后，用垫铁找平，垫铁一般应放在地脚螺栓两侧，斜垫铁必须成对使用。风机安装好后，同一组垫铁应点焊在一起，以免受力时松动。 （3）风机安装在无减振器的支架上，应垫上4～5mm厚的橡胶板，找平找正后固定牢固。 （4）风机安装在有减振器的机座上时，地面要平整，各组减振器承受的荷载压缩应均匀，不偏心，安装后采取保护措施，防止损坏。

序号	作业	前置任务	作业控制要点
4	风机安装	风机运输、清洗完成	(5) 通风机的机轴应保持水平，水平度允许偏差为 0.2/1000；风机与电动机用联轴器连接时，两轴中心线应在同一直线上，两轴芯径向位移允许偏差为 0.05mm，两轴线倾斜允许偏差为 0.2/1000。 (6) 通风机与电动机用三角皮带传动时，应对设备进行找正，以保证电动机与通风机的轴线平行，并使两个皮带轮的中心线相重合。三角皮带拉紧程度控制在可用手敲打已安装好的皮带中间，宜稍有弹性为准。 (7) 安装通风机与电动机的传动皮带轮时，操作者应紧密配合，防止将手碰伤。挂皮带轮时不得把手指插入皮带轮内，防止事故发生。 (8) 风机的传动装置外露部分应安装防护罩，风机的吸入口或吸入管直通大气时，应加装保护网或其他安全装置。 (9) 通风机出口的接出风管应顺叶轮旋转方向接出弯管。在现场条件允许的情况下，应保证出口至弯管的距离大于或等于风口出口长边尺寸 1.5~2.5 倍。如果受现场条件限制达不到要求，应在弯管内设倒流叶片弥补。 (10) 现场组装风机，绳索的捆绑部位会损伤机件表面，转子、轴径和轴封等处均不应作为捆绑部位。 (11) 输送特殊介质的通风机转子和机壳内入口有保护层时，应严加保护。

序号	作业	前置任务	作业控制要点
4	风机安装	风机运输、清洗完成	(12) 大型组装轴流风机，叶轮与机壳的间隙应均匀分布，并符合设计技术文件要求。通风机附属的自控设备和观测仪器、仪表安装，应按设备技术文件规定执行。 (13) 风机试运转：经过全面检查，手动盘车，确认供应电源相序正确后方可送电试运转，运转前，轴承箱必须加上适当的润滑油，并检查各项安全措施；叶轮旋转方向必须正确；在额定转速下试运转时间不得少于 2h。运转后，在检查风机减振基础有无位移和损坏现象，做好记录

2.7 系统调试工序作业要点

卡片编码：防排烟 207，上道工序：子分部安装完成。

序号	作业	前置任务	作业控制要点
1	系统外观检查	系统安装完成	(1) 核对风机、电动机型号、规格及皮带轮直径是否与设计相符； (2) 检查风机、电动机皮带轮的中心轴线是否平行，地脚螺栓是否已拧紧； (3) 检查风机进、出口处柔性短管是否严密，传动皮带松紧程度是否适合；检查轴承处是否有足够润滑油。

序号	作业	前置任务	作业控制要点
1	系统外观检查	系统安装完成	(4) 用手盘动皮带时，叶轮是否有卡阻现象；检查风机调节阀门的灵活性，定位装置的可靠性。 (5) 检查电机、风机、风管接地线连接的可靠性
2	风管漏光漏风检查	系统安装完成	(1) 漏光法检测。1) 漏光法检测是利用光线对小孔的强穿透力，对系统风管严密程度进行检测的方法。2) 检测应采用具有一定强度的安全光源。手持移动光源可采用不低于100W带保护罩的低压照明灯，或其他低压光源。3) 系统风管漏光检测时，光源可置于风管内侧或外侧，但其相对侧应为暗黑环境。检测光源应沿着被检测接口部位与接缝做缓慢移动，在另一侧进行观察，当发现有光线射出，则说明查出明显漏风处，并应做好记录。4) 对系统风管的检测，宜采用分段检测、汇总分析的方法。在严格安装质量管理的基础上，系统风管的检测以总管和干管为主。当采用漏光法检测系统的严密性时，低压系统风管以每10m接缝，漏光点不大于2处，且100m接缝平均不大于16处为合格；中压系统风管每10m接缝，漏光点不大于1处，且100m接缝平均不大于8处为合格。5) 漏光检测中对发现的条缝形漏光，应做密封处理。

41

序号	作业	前置任务	作业控制要点
2	风管漏光漏风检查	系统安装完成	(2) 漏风量测试。1) 低压系统风管的严密性检验应采用抽检，抽检率为 5%，且不得少于 1 个系统。在加工工艺得到保证的前提下，采用漏光法检测。检测不合格时，应按规定的抽检率做漏风量测试。2) 中压系统风管的严密性检验，应在漏光法检测合格后，对系统漏风量测试进行抽检，抽检率为 20%，且不得少于 1 个系统。3) 高压系统风管的严密性检验，为全数进行漏风量测试。系统风管严密性检验的被抽检系统，应全数合格，则视为通过；如有不合格时，则应再加倍抽检，直至全数合格
3	单机无负荷试运转调试	系统安装完成	(1) 点动风机，检查叶轮运转方向是否正确，运转是否平稳，叶轮与机壳有无摩擦和不正常声响。 (2) 风机启动后，应为钳形电流表测量电机的启动电流，待风机运转正常后再测量电动机运转电流，检查电机的运行功率是否符合设备技术文件的规定。 (3) 风机在额定转速下连续运行 2h 后，应用数字温度计测量其轴承的温度，滑动轴承外壳最高温度不得超过 70℃，滚动轴承不得超过 80℃

序号	作业	前置任务	作业控制要点
4	风管系统调试	单机无负荷试运转调试	(1) 系统风量的测定内容包括：测定总送风量、新风量、回风量、排风量，以及各干、支风管内风量和送（回）风口的风量等。 (2) 风量调整方法有流量等比分配法、基础风口调整法和逐段分支调整法，调试时可根据空调系统的具体情况采用相应的方法进行调整。 (3) 系统总风量的调整可以通过调节风管上的风阀的开度的大小来实现

3 除 尘 系 统

3.1 金属风管与配件制作工序作业要点

卡片编码：除尘 301，上道工序。

序号	作业	前置任务	作业控制要点
1	选材	图纸会审完成，材料及做法已明确	(1) 所使用的板材、型材等主要材料应符合现行国家有关产品标准的规定，并具有合格证明书或质量鉴定文件。 (2) 钢板或镀锌钢板的厚度按设计执行，当设计无规定时，钢板厚度应符合《通风与空调工程施工质量验收规范》GB 50243 中关于板材厚度的规定。 (3) 普通薄钢板要求表面平整光滑，厚度均匀，允许有紧密的氧化铁薄膜；表面应无明显锈斑、氧化层、针孔麻点、起皮、起泡、锌层脱落等弊病，有缺陷的均不得使用
2	放样画线切割下料	现场实地测量完成	(1) 依照风管施工图（或放样图）把风管的表面形状按实际的大小铺在板料上。 (2) 板材剪切前必须进行下料复核，复核无误后按划线形状进行剪切。 (3) 板材下料后在压口之前，必须用倒角机或剪刀进行倒角

序号	作业	前置任务	作业控制要点
3	板材加工成型	板材防线裁剪完成	(1) 折方或卷圆后的钢板用合缝机或手工进行合缝。咬口缝结合应紧密，不得有胀裂和半咬口现象。 (2) 矩形风管弯管制作，一般应采用曲率半径为一个平面边长的内外同心弧形弯管。当采用其他形式的弯管，平面边长大于 500mm 时，必须设置弯管导流片
4	法兰制作	选材完成	(1) 矩形风管法兰由 4 根角钢或扁钢组焊而成，划线下料时，应注意使焊成后的法兰内径不能小于风管外径。用切割机切断角钢或扁钢，下料调直后用台钻加工。中、低压系统的风管法兰的铆钉孔及螺栓孔孔距不应大于150mm；高压系统风管的法兰的铆钉孔及螺栓孔孔距不应大于 100mm。矩形法兰的四角部位必须设有螺孔。钻孔后的型钢放在焊接平台上进行焊接，焊接时用模具卡紧。 (2) 加工圆形法兰时，先将整根角钢或扁钢在型钢卷圆机上卷成螺旋形状。将卷好后的型钢划线割开，逐个放在平台上找平找正，调整后进行焊接、钻孔。孔位应沿圆周均布，使各法兰可互换使用
5	风管成型	板材成型、法兰完成	(1) 风管与法兰铆接前先进行技术质量复核。将法兰套在风管上，管端留出 6～9mm 左右的翻边量，管中心线与法兰平面应垂直，然后使用铆钉钳将风管与法兰铆固，并留出四周翻边。

序号	作业	前置任务	作业控制要点
5	风管成型	板材成型、法兰完成	(2) 风管翻边应平整并紧贴法兰，应剪去风管咬口部位多余的咬口层，并保留一层余量；翻边四角不得撕裂，翻拐角边时，应拍打为圆弧形；涂胶时，应适量、均匀，不得有堆积现象
6	风管及配件加固	风管法兰安装完成	(1) 风管加固应符合《通风与空调工程施工质量验收规范》GB 50243 规定。 (2) 金属风管加固方法。风管一般可采用楞筋、立筋、角钢、扁钢、加固筋和管内支撑等形式

钢板风管板材厚度（mm）

类别 风管直径或长边尺寸	圆形风管	矩形风管		除尘系统风管
		中、低压系统	高压系统	
$D(b) \leqslant 320$	0.5	0.5	0.75	1.5
$320 < D(b) \leqslant 450$	0.6	0.6	0.75	1.5
$450 < D(b) \leqslant 630$	0.75	0.6	0.75	2.0
$630 < D(b) \leqslant 1000$	0.75	0.75	1.0	2.0
$1000 < D(b) \leqslant 1250$	1.0	1.0	1.0	2.0
$1250 < D(b) \leqslant 2000$	1.2	1.0	1.2	按设计
$2000 < D(b) \leqslant 4000$	按设计	1.2	按设计	

注：1. 螺旋风管的钢板厚度可适当减小 10%～15%。

2. 排烟系统风管钢板厚度可按高压系统。

3. 特殊除尘系统风管钢板厚度应符合设计要求。

4. 不适用于地下人防与防火隔墙的预埋管。

金属圆形风管法兰及螺栓规格（mm）

风管直径 D	法兰材料规格		螺栓规格
	扁钢	角钢	
D≤140	20×4		M6
140<D≤280	25×4		
280<D≤630		25×3	
630<D≤1250		30×4	M8
1250<D≤2000		40×4	

金属矩形风管法兰及螺栓规格（mm）

风管长边尺寸 b	法兰材料规格（角钢）	螺栓规格
b≤630	25×3	M6
630<b≤1500	30×3	M8
1500<b≤2500	40×4	
2500<b≤4000	50×5	M10

3.2 风管部件制作工序作业要点

卡片编码：除尘302。

序号	作业	前置任务	作业控制要点
1	选材	图纸会审完成，材料及做法已明确	（1）风管部件与消声器的材质、厚度、规格、型号应严格按照设计要求及相关标准选用，并应具有出厂合格证书或质量鉴定文件。 （2）风管部件制作材料，应进行外观检查，各种板材表面应平整，厚度均匀，无明显伤痕，并不得有裂纹、锈蚀等质量缺陷，型材应等型、均匀、无裂纹及严重锈蚀等情况。

序号	作业	前置任务	作业控制要点
1	选材	图纸会审完成，材料及做法已明确	（3）其他材料不能因其本身缺陷而影响或降低产品的质量或使用效果。 （4）柔性短管应选用防腐、防潮、不透气、不易霉变的材料。防排烟系统的柔性短管制作材料必须为不燃材料，空气洁净系统的柔性短管应是内壁光滑、不产尘的材料。 （5）防火阀所选用的零（配）件必须符合有关消防产品标准的规定
2	风口制作	现场实地测量完成	（1）下料、成型：1）风口的部件下料及成型应使用专用模具完成。2）铝制风口所需材料应为型材，其下料成型除应使用专用模具外，还应配备有专用的铝材切割机具。 （2）组装：风口的部件成型后组装，应有专用的工艺装备，以保证产品质量。产品组装后，应进行检验。 （3）焊接：1）钢制风口组装后的焊接可根据不同材料，选择气焊或电焊的焊接方式。铝制风口应采用氩弧焊接。2）焊接应在非装饰面处进行，不得对装饰面外观产生不良影响。3）焊接完成后，应对风口进行二次调整。 （4）表面处理：1）风口的表面处理，应满足设计及使用要求，可根据不同材料选择如喷漆、喷塑、烤漆、氧化等方式。2）油漆的品种及喷涂道数应符合设计文件和相关规范的规定

序号	作业	前置任务	作业控制要点
3	风阀制作	现场实地测量完成	(1) 下料、成型：外框及叶片下料应使用机械完成，成型应尽量采用专用模具。 (2) 零部件加工：风阀内的转动部件应采用耐磨耐腐蚀材料制作，以防锈蚀。 (3) 焊接组装：1) 外框焊接可采用电焊或气焊方式，并应控制焊接变形。2) 风阀组装应按照规定的程序进行，阀门的结构应牢固，调节应灵活、定位应准确、可靠，并应标明风阀的启闭方向及调角度。3) 多叶风阀的叶片间距应均匀，关闭时应相互贴合，搭接应一致，大截面的多叶调节风阀应提高叶片与轴的刚度；并宜实施分组调节。4) 止回阀阀轴必须灵活，阀板关闭严密，转动轴采用不易腐蚀的材料制作。5) 防火阀制作所用钢材厚度不应小于2mm，转动部件应转动灵活。易熔件应为批准的并检验合格的正规产品，其熔点温度的允许偏差为±20℃。 (4) 风阀组装完成后应进行调整和检验，并根据要求进行防腐处理。 (5) 若风阀尺寸过大，可将其分格成若干个小规格的阀门。 (6) 防火阀在阀体制作完成后要加装执行机构，并逐台检验阀板的关闭是否灵活和严密
4	罩类制作	板材价格成型完成	(1) 下料：根据不同的罩类形式放样后下料，并尽量采用机械加工。

序号	作业	前置任务	作业控制要点
4	罩类制作	板材价格成型完成	(2)成型、组装：1）罩类部件的组装根据所用材料及使用要求，可采用咬接、焊接等方式，其方法及要求详见风管制作部分。2）用于排出蒸汽或其他潮湿气体的伞形罩，应在罩口内边采取排除凝结液体的措施。3）如有要求，在罩类中还应加调节阀、自动报警、自动灭火、过滤、集油装置及设备
5	柔性短管制作	板材价格成型完成	(1)柔性短管制作可选用人造革、帆布、树脂玻璃布、软橡胶板、增强石棉布等材料。 (2)柔性短管的长度一般为150～300mm，不宜作为变径管；设于结构变形缝的柔性短管，其长度值为变形缝的宽度加100mm及以上。 (3)下料后缝制可采用机械或手工方式，但必须保证严密牢固。 (4)如需防潮，帆布柔性短管可刷帆布漆。 (5)柔性短管与法兰组装可采用钢板压条的方式，通过铆接使两者联合起来。 (6)柔性短管不得出现扭曲现象，两侧法兰应平行
6	风帽制作	板材价格成型完成	(1)风帽主要可分为：伞形风帽、锥形风帽和筒形风帽三种。伞形风帽可按圆锥形展开下料，咬口或焊接制成。 (2)筒形风帽的圆筒，当风帽规格较小时，帽的两端可翻边卷铁丝加固，风帽规格较大时，可用扁钢或角钢做箍进行加固。

序号	作业	前置任务	作业控制要点
6	风帽制作	板材价格成型完成	（3）扩散管可按圆形大小头加工，一端用翻边卷铁丝加固，一端铆上法兰，以便与风管连接。 （4）风帽的支撑一般应用扁钢制成，用以连接扩散管、外筒和伞形帽

3.3　风管系统安装工序作业要点

卡片编码：除尘 303，上道工序：风管与配件、部件制作。

序号	作业	前置任务	作业控制要点
1	配合土建预留洞口、预埋直埋风管	钢筋绑扎基本完成	（1）开工前由项目总工程师对土建结构设计图与下道工序相关的设备安装、建筑装饰等图纸进行对照审核，对各类图纸中反映的预埋套管、预留孔洞做详细的会审研究，确定预埋套管、预留孔洞的位置、大小、规格、数量、材质等是否相互吻合，编制预埋件、预留孔埋设计划。 （2）预留孔洞模型应按设计大小、形状进行加工制作。其精度应符合设计要求。严格按测量放线位置正确安装，保证焊接牢固，支撑稳固，不变形和不位移。孔洞的填料均采用塑料带包裹湿锯末，以便验收后便于清理。在浇注混凝土过程中派专人配合校对，如有移位，及时改正

序号	作业	前置任务	作业控制要点
2	支吊架制作、安装	土建完成结构验收完成	(1) 按照设计图纸，根据土建基准线确定风管标高，并按照风管系统所在的空间位置，确定风管支、吊架形式，设置支、吊点。 (2) 风管支、吊架的形式、材质、加工尺寸、安装间距、制作精度、焊接等应符合设计要求，不得随意更改，开孔必须采用台钻或手电钻，不得用氧乙炔焰开孔
3	风管安装	风管及部件制作完成，支吊架安装完成	(1) 法兰密封垫料。选用不透气、不产尘、弹性好的材料，法兰垫料应尽量减少接头，接头形式采用阶梯形或企口形，接头处应涂密封胶。 (2) 法兰连接时，首先按要求垫好垫料，然后把两个法兰先对正，穿上几颗螺栓并戴上螺母，不要拧紧。再用尖冲塞进未上螺栓的螺孔中，把两个螺孔撬正，直到所有螺栓都穿上后，拧紧螺栓。风管连接好后，以两端法兰为准，拉线检查风管连接是否平直。 (3) 安装顺序为先干管后支管；安装方法应根据施工现场的实际情况确定，可以在地面上连成一定的长度然后采用整体吊装的方法就位；也可以把风管一节一节地放在支架上逐节连接
4	风口安装	风管安装完成	(1) 风口安装应横平、竖直、严密、牢固，表面平整。 (2) 带风量调节阀的风口安装时，应先安装调节阀框，后安装风口的叶片框。同一方向的风口，其调节装置应设在同一侧。

序号	作业	前置任务	作业控制要点
4	风口安装	风管安装完成	(3) 散流器风口。安装时，应注意风口预留孔洞要比喉口尺寸大，留出扩散板的安装位置。 (4) 洁净系统的风口安装前，应将风口擦拭干净，其风口边框与洁净室的顶棚或墙面之间应采用密封胶或密封垫料封堵严密，不能漏风。 (5) 球形旋转风口连接应牢固，球形旋转头要灵活，不得晃动。 (6) 排烟口与进风口的安装部位应符合设计要求，与风管或混凝土风道的连接应牢固、严密
5	阀部件安装	风管安装完成	(1) 风阀安装前应检查框架结构是否牢固，调节、制动、定位等装置是否准确灵活。 (2) 风阀的安装同风管的安装，将其法兰与风管或设备的法兰对正，加上密封垫片，拧紧螺栓，使其与风管或设备连接牢固、严密。 (3) 风阀安装时，应使阀件的操纵装置便于人工操作，其安装方向应与阀体外壳标注的方向一致。 (4) 安装完的风阀，应在阀体外壳上有明显和准确的开启方向、开启程度的标志。 (5) 防火阀的易熔片应安装在风管的迎风侧，其熔点温度应符合设计要求
6	保温	风管防腐完成	(1) 绝热材料下料要准确，切割端面要平直。 (2) 粘贴保温钉前要将风管壁上的尘土、油污擦净，将胶粘剂分别涂抹在管壁和保温钉粘接面上，稍后再将其粘上。

序号	作业	前置任务	作业控制要点
6	保温	风管防腐完成	(3) 绝热材料铺覆应使纵、横缝错开。小块绝热材料应尽量铺覆在风管上表面

3.4 除尘设备安装工序作业要点

卡片编码：除尘 304，上道工序：土建交接。

序号	作业	前置任务	作业控制要点
1	除尘器基础验收	技术准备	除尘器安装前，对设计基础进行全面的检查，外形尺寸、标高、坐标应符合设计，基础螺栓预留孔位置、尺寸应正确。基础表面应铲出麻面，以便二次灌浆。应提交耐压试验单，验收合格后方可进行设备安装。大型除尘器安装前，对基础尚须进行水平度测定，允许偏差值±3mm
2	设备运输	基础验收	水平运输和垂直运输除尘器时，应保持外包装完好
3	设备开箱检查验收	设备运输	按除尘器设备装箱清单，核对主机、辅机、附件、支架、传动机构和其他零部件和备件的数量、主要尺寸、进、出口的位置、方向是否符合设计要求。安装前必须按图检查各零件的完好情况，若发现变形和尺寸变动，应整形或校正后方可安装

54

序号	作业	前置任务	作业控制要点
4	设备安装	设备开箱验收	除尘器设备安装就位前,按照设计图纸,并根据建筑物的轴线、边缘线及标高线测放出安装基准线。将设备基础表面的油污、泥土杂物清除掉,地脚螺栓预留孔内的杂物冲洗干净。 (1) 除尘器设备整体安装吊装时,应直接放置在基础上,用垫铁找平、找正,垫铁一般应放在地脚螺栓两侧,斜垫铁必须成对使用。 (2) 除尘器现场安装。当除尘器设备散件组装或分段组装时,应先组装基础、支架部分,待找平、找正固定后再向上或多机组对安装。箱体及灰斗应进行密封性焊接,外观应平整、折角平直,加固要牢靠。焊接框架、检修平台时,要求焊缝保持平整、牢固。 (3) 除尘器设备的进口和出口方向应符合设计要求;安装连接各部法兰时,密封填料应加在螺栓内侧,以保证密封。人孔盖及检查门应压紧不得漏气。 (4) 除尘器的排尘装置、卸料装置、排泥装置的安装必须严密,并便于以后操作和维修。各种阀门必须开启灵活、关闭严密。传动机构必须转动自如,动作稳定可靠
5	袋式除尘器安装	设备开箱验收	(1) 布袋接口应牢固,各部间连接处应严密。分室反吹袋式除尘器的滤袋安装必须平直,每条滤袋的拉力应保持在 $25 \sim 35 \text{N/m}$。与滤袋接触的短管、袋帽应光滑无毛刺。

序号	作业	前置任务	作业控制要点
5	袋式除尘器安装	设备开箱验收	(2) 机械回转扁袋除尘器的旋臂转动应灵活可靠，净气室上部顶盖应密封不漏气、旋转灵活。 (3) 脉冲除尘器喷吹的孔眼对准文氏管的中心，同心度允许偏差±2mm
6	电除尘器安装	设备开箱验收	(1) 电除尘器壳体及辅助设备均匀接地，在各种气候条件下接地电阻应小于4Ω。 (2) 清灰装置动作应灵活、可靠，不可与周围其他物件相碰。 (3) 电除尘器外壳应做保温层

3.5 风管与设备防腐工序作业要点

卡片编码：除尘305，上道工序：风管与设备安装。

序号	作业	前置任务	作业控制要点
1	除锈、去污	材料准备	(1) 人工除锈时可用钢丝刷或粗纱布擦拭，直到露出金属光泽，再用棉纱或破布擦净。 (2) 喷砂除锈时，所用的压缩空气不得含有油脂和水分，空气压缩机出口处，应装设油水分离器；喷砂所有砂粒，应坚硬且有棱角，筛出其中的泥土杂质，并经过干燥处理。 (3) 清除油污，一般可采用碱性溶剂进行清洗

序号	作业	前置任务	作业控制要点
2	油漆施工要点	除锈完成	(1) 油漆作业方法应根据施工要求、涂料的性能、施工条件、设备情况进行选择。 (2) 涂漆施工的环境温度宜在5℃以上，相对湿度在85%以下。 (3) 涂漆施工时空气中必须无煤烟、灰尘和水汽；室外涂漆遇雨、雾时应停止施工
3	涂漆的方式	除锈完成	(1) 手工涂刷：手工涂刷应分层涂刷，每层应往复进行，并保持涂层均匀，不得漏涂；快干漆不宜采用手工涂刷。 (2) 机械涂刷：采用的工具为喷枪，以压缩空气为动力。喷射的漆流应和喷漆面垂直，喷漆面为平面时，喷嘴与喷漆面应相距 250～350mm；喷漆面如为曲面时，喷嘴与喷漆面的距离应为 400mm 左右。喷涂施工时，喷嘴的移动应均匀，压力宜保持在 0.3～0.4MPa
4	涂漆施工程序	除锈完成	涂漆施工程序是否合理，对漆膜的质量影响很大。 (1) 第一层底漆或防锈漆，直接涂在工作表面上，与工作表面紧密结合，起防锈、防腐、防水、层间结合的作用；第二层面漆（调和漆和磁漆等），涂刷应精细，使工件获得要求的色彩。 (2) 一般底漆或防锈漆应涂刷一道到两道；第二层的颜色最好与第一层颜色略有区别，以检查第二层是否有漏涂现象。每层涂刷不易过厚，以免起皱和影响干燥。如发现不干、皱皮、流挂、露底时，须进行修补或重新涂刷。

序号	作业	前置任务	作业控制要点
4	涂漆施工程序	除锈完成	(3) 表面涂调和漆或磁漆时,要尽量涂的薄而均匀。如果涂料的覆盖力较差,也不允许任意增加厚度,而应逐次分层涂刷覆盖。每涂一层漆后,应由一个充分干燥的时间,待前一层表干后才能涂下一层。 (4) 每层漆膜的厚度应符合设计要求

3.6 风机安装工序作业要点

卡片编码:除尘 306,上道工序:土建交接。

序号	作业	前置任务	作业控制要点
1	基础验收	土建基础钢筋完成	(1) 风机安装前应根据设计图纸对设备基础进行全面检查,坐标、标高及尺寸应符合设备安装要求。 (2) 风机安装前、应在基础表面铲出麻面,以使二次浇灌的混凝土或水泥能与基础连接紧密
2	通风机检查及运输	设备到货	(1) 按设备装箱清单,核对叶轮、机壳和其他部位的主要尺寸,进、出风口的位置方向是否符合实际要求,做好检查记录。 (2) 叶轮旋转方向应符合设备技术文件的规定。

序号	作业	前置任务	作业控制要点
2	通风机检查及运输	设备到货	(3) 进、出风口应由盖板严密遮盖。检查各切削加工面，机壳的防锈情况和转子有无变形或锈蚀、碰损的现象。 (4) 搬运设备应有专人指挥，使用的工具及绳索必须符合安全要求
3	设备清洗	检查	(1) 风机安装前，应将轴承、传动部位及调节机构进行拆卸、清洗，使其转动灵活。 (2) 用煤油或汽油清洗轴承时严禁吸烟或用火，以防发生火灾
4	风机安装	风机运输、清洗完成	(1) 风机就位前，按设计图纸并依据建筑物的轴线、边缘线及标高线放出安装基准线。将设计基础表面的油污、泥土杂物清除和地脚螺栓预留孔内的杂物清除干净。 (2) 整体安装的风机，搬运和吊装的绳索不得捆绑在转子和机壳或轴承盖的吊环上。风机吊至基础上后，用垫铁找平，垫铁一般应放在地脚螺栓两侧，斜垫铁必须成对使用。风机安装好后，同一组垫铁应点焊在一起，以免受力时松动。 (3) 风机安装在无减振器的支架上，应垫上4~5mm厚的橡胶板，找平找正后固定牢固。 (4) 风机安装在有减振器的机座上时，地面要平整，各组减振器承受的荷载压缩量应均匀，不偏心，安装后采取保护措施，防止损坏。

序号	作业	前置任务	作业控制要点
4	风机安装	风机运输、清洗完成	(5) 通风机的机轴应保持水平，水平度允许偏差为 0.2/1000；风机与电动机用联轴器连接时，两轴中心线应在同一直线上，两轴芯径向位移允许偏差 0.05mm，两轴线倾斜允许偏差为 0.2/1000。 (6) 通风机与电动机用三角皮带传动时，应对设备进行找正，以保证电动机与通风机的轴线平行，并使两个皮带轮的中心线相重合。三角皮带拉紧程度控制在可用手敲打已安装好的皮带中间，宜稍有弹性为准。 (7) 安装通风机与电动机的传动皮带时，操作者应紧密配合，防止将手敲伤。挂皮带轮时不得把手指插入皮带轮内，防止事故发生。 (8) 风机的传动装置外露部分应安装防护罩，风机的吸入口或吸入管直通大气时，应加装保护网或其他安全装置。 (9) 通风机出口的接出风管应顺叶轮旋转方向接出弯管。在现场条件允许的情况下，应保证出口至弯管的距离大于或等于风口出口长边尺寸 1.5～2.5 倍。如果受现场条件限制达不到要求，应在弯管内设倒流叶片弥补。 (10) 现场组装风机。绳索的捆绑部位会损伤机件表面，转子、轴径和轴封等处均不应作为捆绑部位。 (11) 输送特殊介质的通风机转子和机壳内入口有保护层时，应严加保护。

序号	作业	前置任务	作业控制要点
4	风机安装	风机运输、清洗完成	(12) 大型组装轴流风机，叶轮与机壳的间隙应均匀分布，并符合设计技术文件要求。通风机附属的自控设备和观测仪器、仪表安装，应按设备技术文件规定执行。 (13) 风机试运转：经过全面检查，手动盘车，确认供应电源相序正确后方可送电试运转，运转前轴承箱必须加上适当的润滑油，并检查各项安全措施；叶轮旋转方向必须正确；在额定转速下试运转时间不得少于 2h。运转后，在检查风机减振基础有无位移和损坏现象，做好记录

3.7 系统调试工序作业要点

卡片编码：除尘 307，上道工序：子分部安装完成。

序号	作业	前置任务	作业控制要点
1	系统外观检查	系统安装完成	(1) 核对风机、电动机型号、规格及皮带轮直径是否与设计相符。 (2) 检查风机、电动机皮带轮的中心轴线是否平行，地脚螺栓是否已拧紧。

序号	作业	前置任务	作业控制要点
1	系统外观检查	系统安装完成	（3）检查风机进、出口处柔性短管是否严密，传动皮带松紧程度是否适合；检查轴承处是否有足够润滑油。 （4）用手盘动皮带时，叶轮是否有卡阻现象；检查风机调节阀门的灵活性，定位装置的可靠性。 （5）检查电机、风机、风管接地线连接的可靠性
2	风管漏光漏风检查	系统安装完成	（1）漏光法检测。1）漏光法检测是利用光线对小孔的强穿透力，对系统风管严密程度进行检测的方法。2）检测应采用具有一定强度的安全光源。手持移动光源可采用不低于100W带保护罩的低压照明灯，或其他低压光源。3）系统风管漏光检测时，光源可置于风管内侧或外侧，但其相对侧应为暗黑环境。检测光源应沿着被检测接口部位与接缝做缓慢移动，在另一侧进行观察，当发现有光线射出，则说明查出明显漏风处，并应做好记录。4）对系统风管的检测，宜采用分段检测、汇总分析的方法。在严格安装质量管理的基础上，系统风管的检测以总管和干管为主。当采用漏光法检测系统的严密性时，低压系统风管以每10m接缝，漏光点不大于2处，且100m接缝平均不大于16处为合格；中压系统风管每10m接缝，漏光点不大于1处，且100m接缝平均不大于8处为合格。5）漏光检测中对发现的条缝形漏光，应做密封处理。

序号	作业	前置任务	作业控制要点
2	风管漏光漏风检查	系统安装完成	(2) 漏风量测试。1) 低压系统风管的严密性检验应采用抽检，抽检率为5%，且不得少于1个系统。在加工工艺得到保证的前提下，采用漏光法检测。检测不合格时，应按规定的抽检率做漏风量测试。2) 中压系统风管的严密性检验，应在漏光法检测合格后，对系统漏风量测试进行抽检，抽检率为20%，且不得少于1个系统。3) 高压系统风管的严密性检验，为全数进行漏风量测试。系统风管严密性检验的被抽检系统，应全数合格，则视为通过；如有不合格时，则应再加倍抽检，直至全数合格
3	单机无负荷试运转调试	系统安装完成	(1) 点动风机，检查叶轮运转方向是否正确，运转是否平稳，叶轮与机壳有无摩擦和不正常声响。 (2) 风机启动后，应为钳形电流表测量电机的启动电流，待风机运转正常后再测量电动机运转电流，检查电机的运行功率是否符合设备技术文件的规定。 (3) 风机在额定转速下连续运行2h后，应用数字温度计测量其轴承的温度，滑动轴承外壳最高温度不得超过70℃，滚动轴承不得超过80℃
4	风管系统调试	单机无负荷试运转调试	(1) 系统风量的测定内容包括：测定总送风量、新风量、回风量、排风量，以及各干、支风管内风量和送（回）风口的风量等。

序号	作业	前置任务	作业控制要点
4	风管系统调试	单机无负荷试运转调试	（2）风量调整方法有流量等比分配法、基础风口调整法和逐段分支调整法，调试时可根据空调系统的具体情况采用相应的方法进行调整。 （3）系统总风量的调整可以通过调节风管上的风阀的开度的大小来实现

4 空 调 系 统

4.1 金属风管与配件制作工序作业要点

卡片编码：空调风 401。

序号	作业	前置任务	作业控制要点
1	选材	图纸会审完成，材料及做法已明确	（1）所使用的板材、型材等主要材料应符合现行国家有关产品标准的规定，并具有合格证明书或质量鉴定文件。 （2）钢板或镀锌钢板的厚度按设计文件执行，当设计无规定时，钢板厚度应符合《通风与空调工程施工质量验收规范》GB 50243 中关于板材厚度的规定。 （3）普通薄钢板要求表面平整光滑，厚度均匀，允许有紧密的氧化铁薄膜；表面应无明显锈斑、氧化层、针孔麻点、起皮、起泡、锌层脱落等弊病，有缺陷的均不得使用
2	放样画线切割下料	现场实地测量完成	（1）依照风管施工图（或放样图）把风管的表面形状按实际的大小铺在板料上。 （2）板材剪切前必须进行下料复核，复核无误后按划线形状进行剪切。 （3）板材下料后在压口之前，必须用倒角机或剪刀进行倒角

序号	作业	前置任务	作业控制要点
3	板材加工成型	板材防线裁剪完成	(1) 折方或卷圆后的钢板用合缝机或手工进行合缝。咬口缝结合应紧密，不得有胀裂和半咬口现象。 (2) 矩形风管弯管制作，一般应采用曲率半径为一个平面边长的内外同心弧形弯管。当采用其他形式的弯管，平面边长大于 500mm 时，必须设置弯管导流片
4	法兰制作	选材完成	(1) 矩形风管法兰由 4 根角钢或扁钢组焊而成，划线下料时，应注意使焊成后的法兰内径不能小于风管外径。用切割机切断角钢或扁钢，下料调直后用台钻加工。中、低压系统的风管法兰的铆钉孔及螺栓孔孔距不应大于150mm；高压系统风管的法兰的铆钉孔及螺栓孔孔距不应大于 100mm。矩形法兰的四角部位必须设有螺孔。钻孔后的型钢放在焊接平台上进行焊接，焊接时用模具卡紧。 (2) 加工圆形法兰时，先将整根角钢或扁钢在型钢卷圆机上卷成螺旋形状。将卷好后的型钢划线割开，逐个放在平台上找平找正，调整后进行焊接、钻孔。孔位应沿圆周均布，使各法兰可互换使用
5	风管成型	板材成型、法兰完成	(1) 风管与法兰铆接前先进行技术质量复核。将法兰套在风管上，管端留出 6～9mm 左右的翻边量，管中心线与法兰平面应垂直，然后使用铆钉钳将风管与法兰铆固，并留出四周翻边。

序号	作业	前置任务	作业控制要点
5	风管成型	板材成型、法兰完成	(2) 风管翻边应平整并紧贴法兰，应剪去风管咬口部位多余的咬口层，并保留一层余量；翻边四角不得撕裂，翻拐角时，应拍打为圆弧形；涂胶时，应适量、均匀，不得有堆积现象
6	风管及配件加固	风管法兰安装完成	(1) 风管加固应符合《通风与空调工程施工质量验收规范》GB 50243 规定。 (2) 金属风管加固方法。风管一般可采用楞筋、立筋、角钢、扁钢、加固筋和管内支撑等形式

钢板风管板材厚度 (mm)

风管直径或长边尺寸	圆形风管	矩形风管 中、低压系统	矩形风管 高压系统	除尘系统风管
$D(b)\leqslant320$	0.5	0.5	0.75	1.5
$320<D(b)\leqslant450$	0.6	0.6	0.75	1.5
$450<D(b)\leqslant630$	0.75	0.6	0.75	2.0
$630<D(b)\leqslant1000$	0.75	0.75	1.0	2.0
$1000<D(b)\leqslant1250$	1.0	1.0	1.0	2.0
$1250<D(b)\leqslant2000$	1.2	1.0	1.2	按设计
$2000<D(b)\leqslant4000$	按设计	1.2	按设计	按设计

注：1. 螺旋风管的钢板厚度可适当减小 10%～15%。
2. 排烟系统风管钢板厚度可按高压系统。
3. 特殊除尘系统风管钢板厚度应符合设计要求。
4. 不适用于地下人防与防火隔墙的预埋管。

金属矩形风管法兰及螺栓规格（mm）

风管长边尺寸 b	法兰材料规格（角钢）	螺栓规格
b≤630	25×3	M6
630＜b≤1500	30×3	M8
1500＜b≤2500	40×4	M8
2500＜b≤4000	50×5	M10

金属圆形风管法兰及螺栓规格（mm）

风管直径 D	法兰材料规格		螺栓规格
	扁钢	角钢	
D≤140	20×4		M6
140＜D≤280	25×4		M6
280＜D≤630		25×3	M6
630＜D≤1250		30×4	M8
1250＜D≤2000		40×4	M8

4.2 风管部件制作工序作业要点

卡片编码：空调风 402。

序号	作业	前置任务	作业控制要点
1	选材	图纸会审完成，材料及做法已明确	（1）风管部件与消声器的材质、厚度、规格、型号、应严格按照设计要求及相关标准选用，并应具有出厂合格证明书或质量鉴定文件。 （2）风管部件制作材料，应进行外观检查，各种板材表面应平整，厚度均匀，无明显伤痕，并不得有裂纹、锈蚀等质量缺陷，型材应等型、均匀、无裂纹及严重锈蚀等情况。

序号	作业	前置任务	作业控制要点
1	选材	图纸会审完成,材料及做法已明确	(3) 其他材料不能因其本身缺陷而影响或降低产品的质量或使用效果。 (4) 柔性短管应选用防腐、防潮、不透气、不易霉变的材料。防排烟系统的柔性短管的制作材料必须为不燃材料,空气洁净系统的柔性短管应是内壁光滑、不产尘的材料。 (5) 防火阀所选用的零(配)件必须符合有关消防产品标准的规定
2	风口制作	现场实地测量完成	(1) 下料、成型:1) 风口的部件下料及成型应使用专用模具完成。2) 铝制风口所需材料应为型材,其下料成型除应使用专用模具外,还应配备有专用的铝材切割机具。 (2) 组装:风口的部件成型后组装,应有专用的工艺装备,以保证产品质量。产品组装后,应进行检验。 (3) 焊接:1) 钢制风口组装后的焊接可根据不同材料,选择气焊或电焊的焊接方式。铝制风口应采用氩弧焊接。2) 焊接均应在非装饰面处进行,不得对装饰面外观产生不良影响。3) 焊接完成后,应对风口进行二次调整。 (4) 表面处理:1) 风口的表面处理,应满足设计及使用要求,可根据不同材料选择如喷漆、喷塑、烤漆、氧化等方式。2) 油漆的品种及喷涂道数应符合设计文件和相关规范的规定

序号	作业	前置任务	作业控制要点
3	风阀制作	现场实地测量完成	(1) 下料、成型：外框及叶片下料应使用机械完成，成型应尽量采用专用模具。 (2) 零部件加工：风阀内的转动部件应采用耐磨、耐腐蚀材料制作，以防锈蚀。 (3) 焊接组装：1) 外框焊接可采用电焊或气焊方式，并应控制焊接变形。2) 风阀组装应按照规定的程序进行，阀门的结构应牢固，调节应灵活、定位应准确、可靠，并应标明风阀的启闭方向及调角度。3) 多叶风阀的叶片间距应均匀，关闭时应相互贴合，搭接应一致，大截面的多叶调节风阀应提高叶片与轴的刚度；并宜实施分组调节。4) 止回阀阀轴必须灵活，阀板关闭严密，转动轴采用不易腐蚀的材料制作。5) 防火阀制作所用钢材厚度不应小于 2mm，转动部件应转动灵活。易熔件应为批准的并检验合格的正规产品，其熔点温度的允许偏差为±20℃。 (4) 风阀组装完成后应进行调整和检验，并根据要求进行防腐处理。 (5) 若风阀尺寸过大，可将其分格成若干个小规格的阀门。 (6) 防火阀在阀体制作完成后要加装执行机构，并逐台检验阀板的关闭是否灵活和严密
4	罩类制作	板材价格成型完成	(1) 下料：根据不同的罩类形式放样后下料，并尽量采用机械加工。

序号	作业	前置任务	作业控制要点
4	罩类制作	板材价格成型完成	(2) 成型、组装：1) 罩类部件的组装根据所用材料及使用要求，可采用咬接、焊接等方式，其方法及要求详见风管制作部分（见具体条目）。2) 用于排出蒸汽或其他潮湿气体的伞形罩，应在罩口内边采取排除凝结液体的措施。3) 如有要求，在罩类中还应加调节阀、自动报警、自动灭火、过滤、集油装置及设备
5	柔性短管制作	板材价格成型完成	(1) 柔性短管制作可选用人造革、帆布、树脂玻璃布、软橡胶板、增强石棉布等材料。 (2) 柔性短管的长度一般为150～300mm，不宜作为变径管；设于结构变形缝的柔性短管，其长度值为变形缝的宽度加100mm及以上。 (3) 下料后缝制可采用机械或手工方式，但必须保证严密牢固。 (4) 如需防潮，帆布柔性短管可刷帆布专用漆。 (5) 柔性短管与法兰组装可采用钢板压条的方式，通过铆接使两者联合起来。 (6) 柔性短管不得出现扭曲现象，两侧法兰应平行
6	风帽制作	板材价格成型完成	(1) 风帽主要可分为：伞形风帽、锥形风帽和筒形风帽3种。伞形风帽可按圆锥形展开下料，咬口或焊接而成。 (2) 筒形风帽的圆筒，当风帽规格较小时，帽的两端可翻边卷铁丝加固，风帽规格较大时，可用扁钢或角钢做箍进行加固。

序号	作业	前置任务	作业控制要点
6	风帽制作	板材价格成型完成	(3) 扩散管可按圆形大小头加工，一端用翻边卷铁丝加固，一端铆上法兰，以便与风管连接。 (4) 风帽的支撑一般应用扁钢制成，用于连接扩散管、外筒和伞形帽

4.3 风管系统安装工序作业要点

卡片编码：空调风 403，上道工序：风管与配件、部件制作。

序号	作业	前置任务	作业控制要点
1	配合土建预留洞口、预埋直埋风管	钢筋绑扎基本完成	(1) 开工前由项目总工程师对土建结构设计图与下道工序相关的设备安装、建筑装饰等图纸进行对照审核，对各类图纸中反映的预埋套管、预留孔洞做详细的会审研究，确定预埋套管、预留孔洞的位置、大小、规格、数量、材质等是否相互吻合，编制预埋件、预留孔埋设计划。 (2) 预留孔洞模型应按设计大小、形状进行加工制作。其精度应符合设计要求。严格按测量放线位置正确安装，保证焊接牢固，支撑稳固，不变形和不位移。孔洞的填料均采用塑料带包裹湿锯末，以便验收后便于清理。在浇筑混凝土过程中派专人配合校对，如有移位，及时改正

72

序号	作业	前置任务	作业控制要点
2	支吊架制作、安装	土建完成结构验收完成	(1) 按照设计图纸，根据土建基准线确定风管标高；并按照风管系统所在的空间位置，确定风管支、吊架形式，设置支、吊点。 (2) 风管支、吊架的形式、材质、加工尺寸、安装间距、制作精度、焊接等应符合设计要求，不得随意更改，开孔必须采用台钻或手电钻，不得用气割开孔
3	风管安装	风管及部件制作完成，支吊架安装完成	(1) 选用不透气、不产尘、弹性好的材料，法兰垫料应尽量减少接头，接头形式采用阶梯形或企口形，接头处应涂密封胶。 (2) 法兰连接时，首先按要求垫好垫料，然后把两个法兰先对正，穿上几颗螺栓并戴上螺母，不要拧紧。再用尖冲塞进未上螺栓的螺孔中，把两个螺孔撬正，直到所有螺栓都穿上后，拧紧螺栓。风管连接好后，以两端法兰为准，拉线检查风管连接是否平直。 (3) 安装顺序为先干管后支管；安装方法应根据施工现场的实际情况确定，可以在地面上连成一定的长度然后采用整体吊装的方法就位；也可以把风管一节一节地放在支架上逐节连接
4	风口安装	风管安装完成	(1) 风口安装应横平、竖直、严密、牢固，表面平整。 (2) 带风量调节阀的风口安装时，应先安装调节阀框，后安装风口的叶片框。同一方向的风口，其调节装置应设在同一侧。

序号	作业	前置任务	作业控制要点
4	风口安装	风管安装完成	(3) 散流器风口。安装时，应注意风口预留孔洞要比喉口尺寸大，留出扩散板的安装位置。 (4) 洁净系统的风口安装前，应将风口擦拭干净，其风口边框与洁净室的顶棚或墙面之间应采用密封胶或密封垫料封堵严密，不能漏风。 (5) 球形旋转风口连接应牢固，球形旋转头要灵活，不得空阔晃动。 (6) 排烟口与进风口的安装部位应符合设计要求，与风管或混凝土风道的连接应牢固、严密
5	阀部件安装	风管安装完成	(1) 风阀安装前应检查框架结构是否牢固，调节、制动、定位等装置是否准确灵活。 (2) 风阀的安装同风管的安装，将其法兰与风管或设备的法兰对正，加上密封垫片，上紧螺栓，使其与风管或设备连接牢固、严密。 (3) 风阀安装时，应使阀件的操纵装置便于人工操作，其安装方向应与阀体外壳标注的方向一致。 (4) 安装完的风阀，应在阀体外壳上有明显和准确的开启方向、开启程度的标志。 (5) 防火阀的易熔片应安装在风管的迎风侧，其熔点温度应符合设计要求
6	保温	风管防腐完成	(1) 绝热材料下料要准确，切割端面要平直。 (2) 粘贴保温钉前要将风管壁上的尘土、油污擦净，将胶粘剂分别涂抹在管壁和保温钉粘接面上，稍后再将其粘上。

序号	作业	前置任务	作业控制要点
6	保温	风管防腐完成	(3) 绝热材料铺覆应使纵、横缝错开。小块绝热材料应尽量铺覆在风管上表面

4.4　空气处理设备安装工序作业要点

卡片编码：空调风404，上道工序：土建交接。

序号	作业	前置任务	作业控制要点
1	基础验收	土建基础钢筋完成	(1) 风机安装前应根据设计图纸对设备基础进行全面检查，坐标、标高及尺寸应符合设备安装要求。 (2) 风机安装前，应在基础表面铲出麻面，以使二次浇灌的混凝土或水泥能与基础连接紧密
2	通风机检查及运输	设备到货	(1) 按设备装箱清单，核对叶轮、机壳和其他部位的主要尺寸，进、出风口的位置方向是否符合实际要求，做好检查记录。 (2) 叶轮旋转方向应符合设备技术文件的规定。 (3) 进、出风口应由盖板严密遮盖。检查各切削加工面，机壳的防锈情况和转子有无变形或锈蚀、碰损的现象。 (4) 搬运设备应有专人指挥，使用的工具及绳索必须符合安全要求

序号	作业	前置任务	作业控制要点
3	设备清洗	检查	(1) 风机安装前，应将轴承、传动部位及调节机构进行拆卸、清洗，使其转动灵活。 (2) 用煤油或汽油清洗轴承时严禁吸烟或用火，以防发生火灾
4	风机安装	风机运输、清洗完成	(1) 风机就位前，按设计图纸并依据建筑物的轴线、边缘线及标高线放出安装基准线。将设计基础表面的油污、泥土杂物清除和地脚螺栓预留孔内的杂物清除干净。 (2) 整体安装的风机，搬运和吊装的绳索不得捆绑在转子和机壳或轴承盖的吊环上。风机吊至基础上后，用垫铁找平，垫铁一般应放在地脚螺栓两侧，斜垫铁必须成对使用。风机安装好后，同一组垫铁应点焊在一起，以免受力时松动。 (3) 风机安装在无减振器的支架上，应垫上4~5mm 厚的橡胶板，找平找正后固定牢。 (4) 风机安装在有减振器的机座上时，地面要平整，各组减振器承受的荷载压缩量应均匀，不偏心，安装后采取保护措施，防止损坏。 (5) 通风机的机轴应保持水平，水平度允许偏差为 0.2/1000；风机与电动机用联轴器连接时，两轴中心线应在同一直线上，两轴芯径向位移允许偏差 0.05mm，两轴线倾斜允许偏差为 0.2/1000。

序号	作业	前置任务	作业控制要点
4	风机安装	风机运输、清洗完成	(6) 通风机与电动机用三角皮带传动时，应对设备进行找正，以保证电动机与通风机的轴线平行，并使两个皮带轮的中心线相重合。三角皮带拉紧程度控制在可用手敲打已安装好的皮带中间，宜稍有弹性为准。 (7) 安装通风机与电动机的传动皮带轮时，操作者应密切配合，防止将手碰伤。挂皮带轮时不得把手指插入皮带轮内，防止事故发生。 (8) 风机的传动装置外露部分应安装防护罩，风机的吸入口或吸入管直通大气时，应加装保护网或其他安全装置。 (9) 通风机出口的接出风管应顺叶轮旋转方向接出弯管。在现场条件允许的情况下，应保证出口至弯管的距离大于或等于风口出口长边尺寸1.5~2.5倍。如果受现场条件限制达不到要求，应在弯管内设倒流叶片弥补。 (10) 现场组装风机，绳索的捆绑部位会损伤机件表面，转子、轴径和轴封等处均不应作为捆绑部位。 (11) 输送特殊介质的通风机转子和机壳内入口有保护层时，应严加保护。 (12) 大型组装轴流风机，叶轮与机壳的间隙应均匀分布，并符合设计技术文件要求。叶轮与进风外壳的间隙见表。通风机附属的自控设备和观测仪器、仪表安装，应按设备技术文件规定执行。

序号	作业	前置任务	作业控制要点
4	风机安装	风机运输、清洗完成	(13) 风机试运转：经过全面检查，手动盘车，确认供应电源相序正确后方可送电试运转，运转前各轴承箱必须加上适当的润滑油，并检查各项安全措施；叶轮旋转方向必须正确；在额定转速下试运转时间不得少于 2h。运转后，在检查风机减振基础有无位移和损坏现象，做好记录

4.5　消声设备制作与安装工序作业要点

卡片编码：空调风 405。

序号	作业	前置任务	作业控制要点
1	选材	图纸会审完成，材料及做法已明确	(1) 风管部件与消声器的材质、厚度、规格、型号、应严格按照设计要求及相关标准选用，并应具有出厂合格证明书或质量鉴定文件。 (2) 风管部件制作材料，应进行外观检查，各种板材表面应平整，厚度均匀，无明显伤痕，并不得有裂纹、锈蚀等质量缺陷，型材应等型、均匀、无裂纹及严重锈蚀等情况。 (3) 其他材料不能因其本身缺陷而影响或降低产品的质量或使用效果。

序号	作业	前置任务	作业控制要点
1	选材	图纸会审完成,材料及做法已明确	(4) 柔性短管应选用防腐、防潮、不透气、不易霉变的材料。防排烟系统的柔性短管的制作材料必须为不燃材料,空气洁净系统的柔性短管应是内壁光滑、不产尘的材料。 (5) 防火阀所选用的零(配)件必须符合有关消防产品标准的规定
2	下料	选材	根据不同的消声器形式放样后下料,并尽量采用机械加工
3	外壳及框架结构施工	下料	(1) 消声器外壳根据所用材料及使用要求,应采用咬接、焊接等方式。 (2) 消声器框架无论用何种材料,必须固定牢固。有方向性的消声器还需装上导流板。 (3) 对于金属穿孔板,穿孔的孔径和穿孔率应符合设计及相关技术文件的要求。穿孔板孔口的毛刺应锉平,避免将覆面织布划破。 (4) 消声片单体安装时,应有规则的排列,应保持片距的正确,上下两段应装有固定消声片的框架,框架应固定牢固,不得松动
4	填充材料	结构施工	消声材料的填充后应按设计及相关技术文件规定的单位密度均匀进行敷设,需粘贴的应按规定的厚度粘贴牢固,拼缝密实,表面平整

序号	作业	前置任务	作业控制要点
5	覆面	填充	消声材料的填充后应按设计及相关技术文件要求采用透气的覆面材料覆盖，覆盖材料拼接应顺气流方向、拼接密实、表面平整、拉紧、不应有凹凸不平
6	成品检验	覆面	(1) 消声器制作尺寸应准确，连接应牢固，其外壳不应有锐边。 (2) 消声器制作完成后，应通过专业检测，其性能应能满足设计及相关技术文件规定的要求
7	包装及标识	成品检验	(1) 检验合格后，应出具检验合格证明文件。 (2) 有规格、型号、尺寸、方向的标识。 (3) 包装应符合成品保护的要求
8	消声器的安装	运输	(1) 阻性消声器的消声片和消声塞、抗性消声器的膨胀腔、共振性消声器中的穿孔板孔径和穿孔率、共振腔、阻抗复合消声器中的消声片、消声壁和膨胀腔等有特殊要求的部位均应按照设计和标准图进行制作加工、组装。大量使用的消声器、消声弯头、消声风管和消声静压箱应选用专业设备生产厂的产品，产品应具有检测报告和质量证明文件。 (2) 消声器等消声设备运输时，不得有变形现象和过大振动，避免未接冲击破坏消声性能。 (3) 消声器、消声弯管应单独设支、吊架，不得用风管来支撑，其支、吊架的设置应位置正确、牢固可靠。

序号	作业	前置任务	作业控制要点
8	消声器的安装	运输	(4) 消声器支、吊架的横托板穿吊杆的螺孔距离，应比消声器宽 40～50mm。为了便于调节标高，可在吊杆段部套 50～80mm 的丝扣，以便找平、正正。加双螺母固定。 (5) 消声器的安装方向必须正确。与风管或管件的法兰连接应保证严密、牢固。 (6) 当通风、空调系统有恒温、恒湿要求时，消声设备外壳应做保温处理。 (7) 消声器等安装就位后，可用拉线或吊线尺量的方法进行检查，对位置不正、扭曲、接口不齐等不符合要求部位进行修整，达到设计和使用的要求

4.6 风管与设备防腐工序作业要点

卡片编码：空调风 406，上道工序：风管与设备安装。

序号	作业	前置任务	作业控制要点
1	除锈、去污	材料准备	(1) 人工除锈时可用钢丝刷或粗纱布擦拭，直到露出金属光泽，再用棉纱或破布擦净。 (2) 喷砂除锈时，所用的压缩空气不得含有油脂和水分，空气压缩机出口处，应装设油水分离器；喷砂所有砂粒，应坚硬且有棱角，筛出其中的泥土杂质，并经过干燥处理。 (3) 清除油污，一般可采用碱性溶剂进行清洗

序号	作业	前置任务	作业控制要点
2	油漆施工要点	除锈完成	(1) 油漆作业的方法应根据施工要求、涂料的性能、施工条件、设备情况进行选择。 (2) 涂漆施工的环境温度宜在 5℃ 以上，相对湿度在 85% 以下。 (3) 涂漆施工时空气中必须无煤烟、灰尘和水汽；室外涂漆遇雨、雾时应停止施工
3	涂漆的方式	除锈完成	(1) 手工涂刷：手工涂刷应分层涂刷，每层应往复进行，并保持涂层均匀，不得漏涂；快干漆不宜采用手工涂刷。 (2) 机械涂刷：采用的工具为喷枪，以压缩空气为动力。喷射的漆流应和喷漆面垂直，喷漆面为平面时，喷嘴与喷漆面应相距 250～350mm；喷漆面如为曲面时，喷嘴与喷漆面的距离应为 400mm 左右
4	涂漆施工程序	除锈完成	涂漆施工程序是否合理，对漆膜的质量影响很大。 (1) 第一层底漆或防锈漆，直接涂在工作表面上，与工作表面紧密结合，起防锈、防腐、防水、层间结合的作用；第二层面漆（调和漆和磁漆等），涂刷应精细，使工件获得求得的色彩。 (2) 一般底漆或防锈漆应涂刷一道到两道；第二层的颜色最好与第一层颜色略有区别，以检查第二层是否有漏涂现象。每层涂刷不易过厚，以免起皱和影响干燥。如发现不干、皱皮、流挂、露底时，须进行修补或重新涂刷。

序号	作业	前置任务	作业控制要点
4	涂漆施工程序	除锈完成	（3）表面涂调和漆或磁漆时，要尽量涂的薄而均匀。如果涂料的覆盖力较差，也不允许任意增加厚度，而应逐次分层涂刷覆盖。每涂一层漆后，应有一个充分干燥的时间，待前一层表干后才能涂下一层。 （4）每层漆膜的厚度应符合设计要求

4.7 风管与设备绝热工序作业要点

卡片编码：空调风 407，上道工序：风管与设备防腐。

序号	作业	前置任务	作业控制要点
1	下料	准备	绝热材料下料要准确，切割端面要平直
2	保温钉粘贴	下料	粘贴保温钉前要将风管壁上的尘土、油污擦净，将胶粘剂分别涂抹在关闭和保温钉粘接面上，稍后在将其粘上。矩形风管或设备保温钉粘接应均匀，其数量为底面每平方米不应少于16 个，侧面不应少于 10 个，顶面不应少于 8 个。首行保温钉至风管或保温材料边沿的距离不应小于 120mm

序号	作业	前置任务	作业控制要点
3	绝热材料铺覆	保温钉粘贴	绝热材料铺覆应使纵、横缝错开。小块绝热材料应尽量铺覆在风管上表面。各类绝热材料做法： (1) 内绝热。绝热材料如采用岩棉类，铺覆后应在法兰处绝热材料断面上涂抹固定胶，防止纤维被吹起来，岩棉内表面应涂有固定涂层。 (2) 聚苯板类外绝热。聚苯板铺好后，在四角放上短包角，然后薄钢带做箍，用打包钳卡紧，钢带箍每隔 50mm 打一道。 (3) 岩棉类外绝热。对明管绝热时在四角加长条薄钢板包角，用玻璃丝布缠紧
4	缠玻璃丝布	绝热材料铺覆	缠绕时应使其互相搭接，使绝热材料外表形成三层玻璃丝布缠绕。玻璃丝布外表要刷两道防火涂料，涂层应严密均匀
5	保护层安装	缠玻璃丝布	室外明露风管在绝热层外宜加上一层镀锌钢板或铝皮保护层
6	铝镁质膏体材料安装	准备	(1) 全用铝镁质膏体材料时：将膏体一层一层的直接涂抹与需要保温保冷的设备或管道上。第一层的厚度应在 5mm 以下，第一层完全干燥后，在做第二层（第二层的厚度可以 10mm 左右），依次类推，直到达到设计要求的厚度，然后在表面收光即可。表面收光层干燥后，就可进行特殊处理，如涂刷防水涂料、油漆或包裹玻纤布、复合铝箔等。

序号	作业	前置任务	作业控制要点
6	铝镁质膏体材料安装	准备	(2) 有铝镁质标准型卷毡材时：先将铝镁质膏体直接涂抹于卷毡材上，厚度为 2～5mm，将涂有膏体的卷毡材直接粘贴于设备或管道上。如需要做两层以上的卷毡材时，将涂有膏体的卷毡材分层粘贴上去，直到达到设计要求的保温厚度，表面再用 2mm 左右的膏体材料收光即可。表面收光层干燥后，就可进行特殊处理，如涂刷防水涂料、油漆或包裹玻纤布、复合铝箔等

4.8 系统调试工序作业要点

卡片编码：空调风 408，上道工序：子分部安装完成。

序号	作业	前置任务	作业控制要点
1	系统外观检查	系统安装完成	(1) 核对风机、电动机型号、规格及皮带轮直径是否与设计相符。 (2) 检查风机、电动机皮带轮的中心轴线是否平行，地脚螺栓是否已拧紧。 (3) 检查风机进、出口处柔性短管是否严密，传动皮带松紧程度是否适合；检查轴承处是否有足够润滑油。

序号	作业	前置任务	作业控制要点
1	系统外观检查	系统安装完成	(4) 用手盘动皮带时，叶轮是否有卡阻现象；检查风机调节阀门的灵活性，定位装置的可靠性。 (5) 检查电机、风机、风管接地线连接的可靠性
2	风管漏光漏风检查	系统安装完成	(1) 漏光法检测。1) 漏光法检测是利用光线对小孔的强穿透力，对系统风管严密程度进行检测的方法。2) 检测应采用具有一定强度的安全光源。手持移动光源可采用不低于100W带保护罩的低压照明灯，或其他低压光源。3) 系统风管漏光检测时，光源可置于风管内侧或外侧，但其相对侧应为暗黑环境。检测光源应沿着被检测接口部位与接缝做缓慢移动，在另一侧进行观察，当发现有光线射出，则说明查出明显漏风处，并应做好记录。4) 对系统风管的检测，宜采用分段检测、汇总分析的方法。在严格安装质量管理的基础上，系统风管的检测以总管和干管为主。当采用漏光法检测系统的严密性时，低压系统风管以每10m接缝，漏光点不大于2处，且100m接缝平均不大于16处为合格；中压系统风管每10m接缝，漏光点不大于1处，且100m接缝平均不大于8处为合格。5) 漏光检测中对发现的条缝形漏光，应做密封处理。

序号	作业	前置任务	作业控制要点
2	风管漏光漏风检查	系统安装完成	(2) 漏风量测试。1) 低压系统风管的严密性检验应采用抽检，抽检率为 5%，且不得少于 1 个系统。在加工工艺得到保证的前提下，采用漏光法检测。检测不合格时，应按规定的抽检率做漏风量测试。2) 中压系统风管的严密性检验，应在漏光法检测合格后，对系统漏风量测试进行抽检，抽检率为 20%，且不得少于 1 个系统。3) 高压系统风管的严密性检验，为全数进行漏风量测试。系统风管严密性检验的被抽检系统，应全数合格，则视为通过；如有不合格时，则应再加倍抽检，直至全数合格
3	单机无负荷试运转调试	系统安装完成	(1) 点动风机，检查叶轮运转方向是否正确，运转是否平稳，叶轮与机壳有无摩擦和不正常声响。 (2) 风机启动后，应用钳形电流表测量电机的启动电流，待风机运转正常后再测量电动机运转电流，检查电机的运行功率是否符合设备技术文件的规定。 (3) 风机在额定转速下连续运行 2h 后，应用数字温度计测量其轴承的温度，滑动轴承外壳最高温度不得超过 70℃，滚动轴承不得超过 80℃

序号	作业	前置任务	作业控制要点
4	风管系统调试	单机无负荷试运转调试	（1）系统风量的测定内容包括：测定总送风量、新风量、回风量、排风量，以及各干、支风管内风量和送（回）风口的风量等。 （2）风量调整方法有流量等比分配法、基础风口调整法和逐段分支调整法，调试时可根据空调系统的具体情况采用相应的方法进行调整。 （3）系统总风量的调整可以通过调节风管上的风阀的开度的大小来实现

5 净化空调系统

5.1 金属风管与配件制作工序作业要点

卡片编码：净化空调501。

序号	作业	前置任务	作业控制要点
1	选材	图纸会审完成，材料及做法已明确	(1) 所使用的板材、型材等主要材料应符合现行国家有关产品标准的规定，并具有合格证明书或质量鉴定文件。 (2) 钢板或镀锌钢板的厚度按设计执行，当设计无规定时，钢板厚度应符合《通风与空调工程施工质量验收规范》GB 50243 中关于板材厚度的规定。 (3) 普通薄钢板要求表面平整光滑，厚度均匀，允许有紧密的氧化铁薄膜；表面应无明显锈斑、氧化层、针孔麻点、起皮、起泡、锌层脱落等弊病，有缺陷的均不得使用
2	放样画线切割下料	现场实地测量完成	(1) 依照风管施工图（或放样图）把风管的表面形状按实际的大小铺在板料上； (2) 板材剪切前必须进行下料复核，复核无误后按划线形状进行剪切。 (3) 板材下料后在压口之前，必须用倒角机或剪刀进行倒角

序号	作业	前置任务	作业控制要点
3	板材加工成型	板材防线裁剪完成	（1）折方或卷圆后的钢板用合缝机或手工进行合缝。咬口缝结合应紧密，不得有胀裂和半咬口现象。 （2）矩形风管弯管制作，一般应采用曲率半径为一个平面边长的内外同心弧形弯管。当采用其他形式的弯管，平面边长大于500mm时，必须设置弯管导流片。
4	法兰制作	选材完成	（1）矩形风管法兰由4根角钢或扁钢组焊而成，划线下料时，应注意使焊成后的法兰内径不能小于风管外径。用切割机切断角钢或扁钢，下料调直后用台钻加工。中、低压系统的风管法兰的铆钉孔及螺栓孔孔距不应大于150mm；高压系统风管的法兰的铆钉孔及螺栓孔孔距不应大于100mm。矩形法兰的四角部位必须设有螺孔。钻孔后的型钢放在焊接平台上进行焊接，焊接时用模具卡紧。 （2）加工圆形法兰时，先将整根角钢或扁钢在型钢卷圆机上卷成螺旋形状。将卷好后的型钢划线割开，逐个放在平台上找平找正，调整后进行焊接、钻孔。孔位应沿圆周均布，使各法兰可互换使用
5	风管成型	板材成型、法兰完成	（1）风管与法兰铆接前先进行技术质量复核。将法兰套在风管上，管端留出6～9mm左右的翻边量，管中心线与法兰平面应垂直，然后使用铆钉钳将风管与法兰铆固，并留出四周翻边。

序号	作业	前置任务	作业控制要点
5	风管成型	板材成型、法兰完成	(2) 风管翻边应平整并紧贴法兰,应剪去风管咬口部位多余的咬口层,并保留一层余量;翻边四角不得撕裂,翻拐角边时,应拍打为圆弧形;涂胶时,应适量、均匀,不得有堆积现象
6	风管及配件加固	风管法兰安装完成	(1) 风管加固应符合《通风与空调工程施工质量验收规范》GB 50243 规定。 (2) 金属风管加固方法。风管一般可采用楞筋、立筋、角钢、扁钢、加固筋和管内支撑等形式

5.2 风管部件制作工序作业要点

卡片编码:净化空调502。

序号	作业	前置任务	作业控制要点
1	选材	图纸会审完成,材料及做法已明确	(1) 风管部件与消声器的材质、厚度、规格、型号应严格按照设计要求及相关标准选用,并应具有出厂合格证明书或质量鉴定文件。 (2) 风管部件制作材料,应进行外观检查,各种板材表面应平整,厚度均匀,无明显伤痕,并不得有裂纹、锈蚀等质量缺陷,型材应等型、均匀、无裂纹及严重锈蚀等情况。

序号	作业	前置任务	作业控制要点
1	选材	图纸会审完成，材料及做法已明确	（3）其他材料不能因其本身缺陷而影响或降低产品的质量或使用效果。 （4）柔性短管应选用防腐、防潮、不透气、不易霉变的材料。防排烟系统的柔性短管的制作材料必须为不燃材料，空气洁净系统的柔性短管应是内壁光滑、不产尘的材料。 （5）防火阀所选用的零（配）件必须符合有关消防产品标准的规定
2	风口制作	现场实地测量完成	（1）下料、成型：1）风口的部件下料及成型应使用专用模具完成。2）铝制风口所需材料应为型材，其下料成型除应使用专用模具外，还应配备有专用的铝材切割机具。 （2）组装：风口的部件成型后组装，应有专用的工艺装备，以保证产品质量。产品组装后，应进行检验。 （3）焊接：1）钢制风口组装后的焊接可根据不同材料，选择气焊或电焊的焊接方式。铝制风口应采用氩弧焊接。2）焊接均应在非装饰面处进行，不得对装饰面外观产生不良影响。3）焊接完成后，应对风口进行二次调整。 （4）表面处理：1）风口的表面处理，应满足设计及使用要求，可根据不同材料选择，如喷漆、喷塑、烤漆、氧化等方式。2）油漆的品种及喷涂道数应符合设计文件和相关规范的规定

序号	作业	前置任务	作业控制要点
3	风阀制作	现场实地测量完成	(1) 下料、成型：外框及叶片下料应使用机械完成，成型应尽量采用专用模具。 (2) 零部件加工：风阀内的转动部件应采用耐磨耐腐蚀材料制作，以防锈蚀。 (3) 焊接组装：1) 外框焊接可采用电焊或气焊方式，并应控制焊接变形。2) 风阀组装应按照规定的程序进行，阀门的结构应牢固，调节应灵活、定位应准确、可靠，并应标明风阀的启闭方向及调角度。3) 多叶风阀的叶片间距应均匀，关闭时应相互贴合，搭接应一致，大截面的多叶调节风阀应提高叶片与轴的刚度；并宜实施分组调节。4) 止回阀阀轴必须灵活，阀板关闭严密，转动轴采用不易腐蚀的材料制作。5) 防火阀制作所用钢材厚度不应小于 2mm，转动部件应转动灵活。易熔件应为批准的并检验合格的正规产品，其熔点温度的允许偏差为±20℃。 (4) 风阀组装完成后应进行调整和检验，并根据要求进行防腐处理。 (5) 若风阀尺寸过大，可将其分格成若干个小规格的阀门。 (6) 防火阀在阀体制作完成后要加装执行机构，并逐台进行检验阀板的关闭是否灵活和严密

序号	作业	前置任务	作业控制要点
4	罩类制作	板材价格成型完成	(1) 下料：根据不同的罩类形式放样后下料，并尽量采用机械加工。 (2) 成型、组装：1) 罩类部件的组装根据所用材料及使用要求，可采用咬接、焊接等方式，其方法及要求详见风管制作部分（见具体条目）。2) 用于排出蒸汽或其他潮湿气体的伞形罩，应在罩口内边采取排除凝结液体的措施。3) 如有要求，在罩类中还应加调节阀、自动报警、自动灭火、过滤、集油装置及设备
5	柔性短管制作	板材价格成型完成	(1) 柔性短管制作可选用人造革、帆布、树脂玻璃布、软橡胶板、增强石棉布等材料。 (2) 柔性短管的长度一般为150～300mm，不宜作为变径管；设于结构变形缝的柔性短管，其长度直为变形缝的宽度加100mm及以上。 (3) 下料后缝制可采用机械或手工方式，但必须保证严密牢固。 (4) 如需防潮，帆布柔性短管可刷帆布专用漆。 (5) 柔性短管与法兰组装可采用钢板压条的方式，通过铆接使两者联合起来。 (6) 柔性短管不得出现扭曲现象，两侧法兰应平行
6	风帽制作	板材价格成型完成	(1) 风帽主要可分为：伞形风帽、锥形风帽和筒形风帽三种。伞形风帽可按圆锥形展开下料，咬口或焊接制成。

序号	作业	前置任务	作业控制要点
6	风帽制作	板材价格成型完成	（2）筒形风帽的圆筒，当风帽规格较小时，帽的两端可翻边卷铁丝加固，风帽规格较大时，可用扁钢或角钢做箍进行加固。 （3）扩散管可按圆形大小头加工，一端用翻边卷铁丝加固，一端铆上法兰，以便与风管连接。 （4）风帽的支撑一般应用扁钢制成，用以连接扩散管、外筒和伞形帽

5.3　风管系统安装工序作业要点

卡片编码：净化空调503，上道工序：风管与配件、部件制作。

序号	作业	前置任务	作业控制要点
1	配合土建预留洞口、预埋直埋风管	钢筋绑扎基本完成	（1）开工前由项目总工程师对土建结构设计图与下道工序相关的设备安装、建筑装饰等图纸进行对照审核，对各类图纸中反映的预埋套管、预留孔洞做详细的会审研究，确定预埋套管、预留孔洞的位置、大小、规格、数量、材质等是否相互吻合，编制预埋件、预留孔洞埋设计划。

序号	作业	前置任务	作业控制要点
1	配合土建预留洞口、预埋直埋风管	钢筋绑扎基本完成	(2) 预留孔洞模型应按设计大小、形状进行加工制作。其精度应符合设计要求。严格按测量放线位置正确安装，保证焊接牢固，支撑稳固，不变形和不位移。孔洞的填料均采用塑料带包裹湿锯末，以便验收时便于清理。在浇注混凝土过程中派专人配合校对，如有移位，及时改正
2	支吊架制作、安装	土建完成结构验收完成	(1) 按照设计图纸，根据土建基准线确定风管标高；并按照风管系统所在的空间位置，确定风管支、吊架形式，设置支、吊点。 (2) 风管支、吊架的形式、材质、加工尺寸、安装间距、制作精度、焊接等应符合设计要求，不得随意更改，开孔必须采用台钻或手电钻，不能用氧乙炔焰开孔
3	风管安装	风管及部件制作完成，支吊架安装完成	(1) 法兰密封垫料。选用不透气、不产尘、弹性好的材料，法兰垫应尽量减少接头，接头形式采用阶梯形或企口形，接头处应涂密封胶。 (2) 法兰连接时，首先按要求垫好垫料，然后把两个法兰先对正，穿入几颗螺栓并戴上螺母，不要拧紧。再用尖冲塞进未上螺栓的螺孔中，把两个螺孔撬正，直到所有螺栓都穿上后，拧紧螺栓。风管连接好后，以两端法兰为准，拉线检查风管连接是否平直。

序号	作业	前置任务	作业控制要点
3	风管安装	风管及部件制作完成，支吊架安装完成	（3）安装顺序为先干管后支管；安装方法应根据施工现场的实际情况确定，可以在地面上连成一定的长度然后采用整体吊装的方法就位；也可以把风管一节一节地放在支架上逐节连接
4	风口、安装	风管安装完成	（1）风口安装应横平、竖直、严密、牢固，表面平整。 （2）带风量调节阀的风口安装时，应先安装调节阀框，后安装风口的叶片框。同一方向的风口，其调节装置应设在同一侧。 （3）散流器风口。安装时，应注意风口预留孔洞要比喉口尺寸大，留出扩散板的安装位置。 （4）洁净系统的风口安装前，应将风口擦拭干净，其风口边框与洁净室的顶棚或墙面之间应采用密封胶或密封垫料封堵严密，不能漏风。 （5）球形旋转风口连接应牢固，球形旋转头要灵活，不得晃动。 （6）排烟口与进风口的安装部位应符合设计要求，与风管或混凝土风道的连接应牢固、严密

序号	作业	前置任务	作业控制要点
5	阀部件安装	风管安装完成	(1) 风阀安装前应检查框架结构是否牢固，调节、制动、定位等装置是否准确灵活。 (2) 风阀的安装同风管的安装，将其法兰与风管或设备的法兰对正，加上密封垫片，上紧螺栓，使其与风管或设备连接牢固、严密。 (3) 风阀安装时，应使阀件的操纵装置便于人工操作，其安装方向应与阀体外壳标注的方向一致。 (4) 安装完的风阀，应在阀体外壳上有明显和准确的开启方向、开启程度的标志。 (5) 防火阀的易熔片应安装在风管的迎风侧，其熔点温度应符合设计要求
6	保温	风管防腐完成	(1) 绝热材料下料要准确，切割端面要平直。 (2) 粘保温钉前要将风管壁上的尘土、油污擦净，将胶粘剂分别涂抹在管壁和保温钉粘接面上，稍后再将其粘上。 (3) 绝热材料铺覆应使纵、横缝错开。小块绝热材料应尽量铺覆在风管上表面

5.4　空气处理设备安装工序作业要点

卡片编码：净化空调 504，上道工序：土建交接。

序号	作业	前置任务	作业控制要点
1	基础验收	土建基础钢筋完成	(1) 风机安装前应根据设计图纸对设备基础进行全面检查，坐标、标高及尺寸应符合设备安装要求。 (2) 风机安装前、应在基础表面铲出麻面，以使二次浇灌的混凝土或水泥能与基础连接紧密
2	通风机检查及运输	设备到货	(1) 按设备装箱清单，核对叶轮、机壳和其他部位的主要尺寸，进、出风口的位置方向是否符合实际要求，做好检查记录。 (2) 叶轮旋转方向应符合设备技术文件的规定。 (3) 进、出风口应由盖板严密遮盖。检查各切削加工面，机壳的防锈情况和转子有无变形或锈蚀、碰损的现象。 (4) 搬运设备应有专人指挥，使用的工具及绳索必须符合安全要求
3	设备清洗	检查	(1) 风机安装前，应将轴承、传动部位及调节机构进行拆卸、清洗，使其转动灵活。 (2) 用煤油或汽油清洗轴承时严禁吸烟或用火，以防发生火灾
4	风机安装	风机运输、清洗完成	(1) 风机就位前，按设计图纸并依据建筑物的轴线、边缘线及标高线放出安装基准线。将设计基础表面的油污、泥土杂物清除和地脚螺栓预留孔内的杂物清除干净。 (2) 整体安装的风机，搬运和吊装的绳缆不得捆绑在转子和机壳或轴承盖的吊环上。风机吊到基础上后，用垫铁找平，垫铁一般应放在地脚螺栓两侧，斜垫铁必须成对使用。风机安装好后，同一组垫铁应点焊在一起，以免受力时松动。

続表

序号	作业	前置任务	作业控制要点
4	风机安装	风机运输、清洗完成	(3) 风机安装在无减振器的支架上，应垫上4～5mm厚的橡胶板，找平找正后固定牢。 (4) 风机安装在有减振器的机座上时，地面要平整，各组减振器承受的荷载压缩量应均匀，不偏心，安装后采取保护措施，防止损坏。 (5) 通风机的机轴应保持水平，水平度允许偏差为0.2/1000；风机与电动机用联轴器连接时，两轴中心线应在同一直线上，两轴芯径向位移允许偏差0.05mm，两轴线倾斜允许偏差0.2/1000。 (6) 通风机与电动机用三角皮带传动时，应对设备进行找正，以保证电动机与通风机的轴线平行，并使两个皮带轮的中心线相重合。三角皮带拉紧程度控制在可用手敲打已安装好的皮带中间，宜稍有弹性为准。 (7) 安装通风机与电动机的传动皮带轮时，操作者应紧密配合，防止将手碰伤。挂皮带轮时不得把手指插入皮带轮内，防止事故发生。 (8) 风机的传动装置外露部分应安装防护罩，风机的吸入口或吸入管直通大气时，应加装保护网或其他安全装置。 (9) 通风机出口的接出风管应顺叶轮旋转方向接出弯管。在现场条件允许的情况下，应保证出口至弯管的距离大于或等于风口出口长边尺寸1.5～2.5倍。如果受现场条件限制达不到要求，应在弯管内设倒流叶片弥补。

序号	作业	前置任务	作业控制要点
4	风机安装	风机运输、清洗完成	（10）现场组装风机，绳索的捆绑部位会损伤机件表面，转子、轴径和轴封等处均不应作为捆绑部位。 （11）输送特殊介质的通风机转子和机壳内入口有保护层时，应严加保护。 （12）大型组装轴流风机，叶轮与机壳的间隙应均匀分布，并符合设计技术文件要求。通风机附属的自控设备和观测仪器、仪表安装，应按设备技术文件规定执行。 （13）风机试运转：经过全面检查，手动盘车，确认供应电源相序正确后方可送电试运转，运转前轴承箱必须加上适当的润滑油，并检查各项安全措施；叶轮旋转方向必须正确；在额定转速下试运转时间不得少于 2h。运转后，在检查风机减振基础有无位移和损坏现象，做好记录

5.5 消声设备制作与安装工序作业要点

卡片编码：净化空调 505。

序号	作业	前置任务	作业控制要点
1	选材	图纸会审完成，材料及做法已明确	(1) 风管部件与消声器的材质、厚度、规格、型号、应严格按照设计要求及相关标准选用，并应具有出厂合格证明书或质量鉴定文件。 (2) 风管部件制作材料，应进行外观检查，各种板材表面应平整，厚度均匀，无明显伤痕，并不得有裂纹、锈蚀等质量缺陷，型材应等型、均匀、无裂纹及严重锈蚀等情况。 (3) 其他材料不能因其本身缺陷而影响或降低产品的质量或使用效果。 (4) 柔性短管应选用防腐、防潮、不透气、不易霉变的材料。防排烟系统的柔性短管的制作材料必须为不燃材料，空气洁净系统的柔性短管应是内壁光滑、不产尘的材料。 (5) 防火阀所选用的零（配）件必须符合有关消防产品标准的规定
2	下料	选材	根据不同的消声器形式放样后下料，并尽量采用机械加工
3	外壳及框架结构施工	下料	(1) 消声器外壳根据所用材料及使用要求，应采用咬接、焊接等方式。 (2) 消声器框架无论用何种材料，必须固定牢固。有方向性的消声器还需装上导流板。 (3) 对于金属穿孔板，穿孔的孔径和穿孔率应符合设计及相关技术文件的要求。穿孔板孔口的毛刺应锉平，避免将覆面织布划破。 (4) 消声片单体安装时，应有规则的排列，应保持片距的正确，上下两段应装有固定消声片的框架，框架应固定牢固，不得松动

序号	作业	前置任务	作业控制要点
4	填充材料	结构施工	消声材料的填充后应按设计及相关技术文件规定的单位密度均匀进行敷设，需粘贴的应按规定的厚度粘贴牢固，拼缝密实，表面平整。
5	覆面	填充	消声材料的填充后应按设计及相关技术文件要求采用透气的覆面材料覆盖，覆盖材料拼接应顺气流方向、拼接密实、表面平整、拉紧、不应有凹凸不平
6	成品检验	覆面	(1) 消声器制作尺寸应准确，连接应牢固，其外壳不应有锐边。 (2) 消声器制作完成后，应通过专业检测，其性能应能满足设计及相关技术文件规定的要求
7	包装及标识	成品检验	(1) 检验合格后，应出具其检验合格证明文件。 (2) 有规格、型号、尺寸、方向的标识。 (3) 包装应符合成品保护的要求
8	消声器的安装	运输	(1) 阻性消声器的消声片和消声塞、抗性消声器的膨胀腔、共振性消声器中的穿孔板孔径和穿孔率、共振腔、阻抗复合消声器中的消声片、消声壁和膨胀腔等有特殊要求的部位均应按照设计和标准图进行制作加工、组装。大量使用的消声器、消声弯头、消声风管和消声静压箱选用专业设备生产厂的产品，产品应具有检测报告和质量证明文件。

序号	作业	前置任务	作业控制要点
8	消声器的安装	运输	（2）消声器等消声设备运输时，不得有变形现象和过大振动，避免未接冲击破坏消声性能。 （3）消声器、消声弯管应单独设支、吊架，不得有风管来支撑，其支、吊架的设置应位置正确、牢固可靠。 （4）消声器支、吊架的横托板穿吊杆的螺孔距离，应比消声器宽 40～50mm。为了便于调节标高，可在吊杆段部套 50～80mm 的丝扣，以便找平、找正。加双螺母固定。 （5）消声器的安装方向必须正确。与风管或管件的法兰连接应保证严密、牢固。 （6）当通风、空调系统有恒温、恒湿要求时，消声设备外壳应作保温处理。 （7）消声器等安装就位后，可用拉线或吊线尺量的方法进行检查，对位置不正、扭曲、接口不齐等不符要求部位进行修整，达到设计和使用的要求

5.6 风管与设备防腐工序作业要点

卡片编码：净化空调 506，上道工序：风管与设备安装。

序号	作业	前置任务	作业控制要点
1	除锈、去污	材料准备	(1) 人工除锈时可用钢丝刷或粗纱布擦拭，直到露出金属光泽，再用棉纱或破布擦净。 (2) 喷砂除锈时，所用的压缩空气不得含有油脂和水分，空气压缩机出口处，应装设油水分离器；喷砂所用砂粒，应坚硬且有棱角，筛出其中的泥土杂质，并经过干燥处理。 (3) 清除油污，一般可采用碱性溶剂进行清洗。
2	油漆施工要点	除锈完成	(1) 油漆作业的方法应根据施工要求、涂料的性能、施工条件、设备情况进行选择。 (2) 涂漆施工的环境温度宜在 5℃ 以上，相对湿度在 85% 以下。 (3) 涂漆施工时空气中必须无煤烟、灰尘和水汽；室外涂漆遇雨雾时应停止施工
3	涂漆的方式	除锈完成	(1) 手工涂刷：手工涂刷应分层涂刷，每层应往复进行，并保持涂层均匀，不得漏涂；快干漆不宜采用手工涂刷。 (2) 机械涂刷：采用的工具为喷枪，以压缩空气为动力。喷射的漆流应和喷漆面垂直，喷漆面为平面时，喷嘴与喷漆面应相距 250～350mm；喷漆面如为曲面时，喷嘴与喷漆面的距离应为 400mm 左右。喷漆施工时，喷嘴的移动应均匀，压力宜保持在 0.3～0.4MPa
4	涂漆施工程序	除锈完成	涂漆施工程序是否合理，对漆膜的质量影响很大：

序号	作业	前置任务	作业控制要点
4	涂漆施工程序	除锈完成	（1）第一层底漆或防锈漆，直接涂在工作表面上，与工作表面紧密结合，起防锈、防腐、防水、层间结合的作用；第二层面漆（调和漆和磁漆等），涂刷应精细，使工件获得要求的色彩； （2）一般底漆或防锈漆应涂刷一道到两道；第二层的颜色最好与第一层颜色略有区别，以检查第二层是否有漏涂现象。每层涂刷不宜过厚，以免起皱和影响干燥。如发现不干、皱皮、流挂、露底时，须进行修补或重新涂刷。 （3）表面涂调和漆或磁漆时，要尽量涂的薄而均匀。如果涂料的覆盖力较差，也不允许任意增加厚度，而应逐次分层涂刷覆盖。每涂一层漆后，应有一个充分干燥的时间，待前一层表干后才能涂下一层。 （4）每层漆膜的厚度应符合设计要求

5.7 风管与设备绝热工序作业要点

卡片编码：净化空调507，上道工序：风管与设备防腐。

序号	作业	前置任务	作业控制要点
1	下料	准备	绝热材料下料要准确，切割端面要平直

序号	作业	前置任务	作业控制要点
2	保温钉粘贴	下料	粘保温钉前要将风管壁上的尘土、油污擦净，将胶粘剂分别涂抹在关闭和保温钉粘接面上，稍后在将其粘上。矩形风管或设备保温钉粘接应均匀，其数量为底面每平方米不应少于 16 个，侧面不应少于 10 个，顶面不应少于 8 个。首行保温钉至风管或保温材料边沿的距离不应小于 120mm
3	绝热材料铺覆	保温钉粘贴	绝热材料铺覆应使纵、横缝错开。小块绝热材料应尽量铺覆在风管上表面。各类绝热材料做法： (1) 内绝热。绝热材料如采用岩棉类，铺覆后应在法兰处绝热材料断面上涂抹固定胶，防止纤维被吹起来，岩棉内表面应涂有固定涂层。 (2) 聚苯板类外绝热。聚苯板铺好后，在四角放上短包角，然后薄钢带做箍，用打包钳卡紧，钢带箍每隔 50mm 打一道。 (3) 岩棉类外绝热。对明管绝热后在四角加长条薄钢板包角，用玻璃丝布缠紧
4	缠玻璃丝布	绝热材料铺覆	缠绕时应使其互相搭接，使绝热材料外表形成三层玻璃丝布缠绕。玻璃丝布外表要刷两道防火涂料，涂层应严密均匀

序号	作业	前置任务	作业控制要点
5	保护层安装	缠玻璃丝布	室外明露风管在绝热层外宜加上一层镀锌钢板或铝皮保护层
6	铝镁质膏体材料安装	准备	(1) 全用铝镁质膏体材料时：将膏体一层一层的直接涂抹与需要保温保冷的设备或管道上。第一层的厚度应在 5mm 以下，第一层完全干燥后，在做第二层（第二层的厚度可以 10mm 左右），依次类推，直到达到设计要求的厚度，然后在表面收光即可。表面收光层干燥后，就可进行特殊要求的处理如涂刷防水涂料、油漆或包裹玻纤布、复合铝箔等。 (2) 有铝镁质标准型卷毡材时：先将铝镁质膏体直接涂抹于卷毡材上，厚度为 2～5mm，将涂有膏体的卷毡材直接粘贴于设备或管道上。如需要做两层以上的卷毡材时，将涂有膏体的卷毡材分层粘贴上去，直到达到设计要求的保温厚度，表面再用 2mm 左右的膏体材料收光即可。表面收光层干燥后，就可进行特殊要求的处理如涂刷防水涂料、油漆或包裹玻纤布、复合铝箔等

5.8 高效过滤器安装工序作业要点

卡片编码：净化空调 508，上道工序：系统空吹清洁。

序号	作业	前置任务	作业控制要点
1	搬运	施工准备	按出场标志方向搬运、存放，安置于防潮洁净的室内
2	开箱检查	搬运	系统连续试车12h后，方可开箱检查，不得有变形、破损和漏胶等现象，合格后立即安装。其框架端面或刀口端面应平直，其平整度允许偏差为±1mm，其外框不得改动。洁净室全部安装完毕，并全面清扫擦净
3	过滤器安装	开箱检查	安装时，外框上的箭头与气流方向应一致。用波纹板组合的过滤器在竖向安装时，波纹板垂直地面，不得反向。过滤器与框架间必须加密封垫料或涂抹密封胶，厚度为6～8mm。定位胶贴在过滤器边框上，应梯形或榫形拼接，安装后的垫料的压缩率应大于50%。采用硅橡胶密封时，先清除边框上的杂物和油污，在常温下挤抹硅橡胶，应饱满、均匀、平整。采用液槽密封时，槽架安装应水平，槽内保持清洁无水迹。密封液宜为槽深的2/3。现场组装的空调机组，应做漏风量测试

5.9 系统调试工序作业要点

卡片编码：净化空调509，上道工序：系统安装完成。

序号	作业	前置任务	作业控制要点
1	系统外观检查	系统安装完成	(1) 核对风机、电动机型号、规格及皮带轮直径是否与设计相符。 (2) 检查风机、电动机皮带轮的中心轴线是否平行，地脚螺栓是否已拧紧。 (3) 检查风机进、出口处柔性短管是否严密，传动皮带松紧程度是否适合；检查轴承处是否有足够润滑油。 (4) 用手盘动皮带时，叶轮是否有卡阻现象；检查风机调节阀门的灵活性，定位装置的可靠性。 (5) 检查电机、风机、风管接地线连接的可靠性
2	风管漏光漏风检查	系统安装完成	(1) 漏光法检测。1) 漏光法检测是利用光线对小孔的强穿透力，对系统风管严密程度进行检测的方法。2) 检测应采用具有一定强度的安全光源。手持移动光源可采用不低于100W带保护罩的低压照明灯，或其他低压光源。3) 系统风管漏光检测时，光源可置于风管内侧或外侧，但其相对侧应为暗黑环境。检测光源应沿着检测接口部位与接缝做缓慢移动，在另一侧进行观察，当发现有光线射出，则说明查出明显漏风处，并应做好记录。4) 对系统风管的检测，宜采用分段检测、汇总分析的方法。在严格安装质量管理的基础上，系统风管的检测以总管和干管为主。当采用漏光法检测系统的严密性时，低压系统风管以每10m接缝，漏光点不大于2处，且100m接缝平均不大于16处为合格；中压系统风管每10m接缝，漏光点不大于1处，且100m接缝平均不大于8处为合格。5) 漏光检测中对发现的条缝形漏光，应做密封处理。

序号	作业	前置任务	作业控制要点
2	风管漏光漏风检查	系统安装完成	(2) 漏风量测试。1) 低压系统风管的严密性检验应采用抽检，抽检率为 5%，且不得少于 1 个系统。在加工工艺得到保证的前提下，采用漏光法检测。检测不合格时，应按规定的抽检率做漏风量测试。2) 中压系统风管的严密性检验，应在漏光法检测合格后，对系统漏风量测试进行抽检，抽检率为 20%，且不得少于 1 个系统。3) 高压系统风管的严密性检验，为全数进行漏风量测试。系统风管严密性检验的被抽检系统，应全数合格，则视为通过；如有不合格时，则应再加倍抽检，直至全数合格
3	单机无负荷试运转调试	系统安装完成	(1) 点动风机，检查叶轮运转方向是否正确，运转是否平稳，叶轮与机壳有无摩擦和不正常声响。 (2) 风机启动后，应用钳形电流表测量电机的启动电流，待风机运转正常后再测量电动机运转电流，检查电机的运行功率是否符合设备技术文件的规定。 (3) 风机在额定转速下连续运行 2h 后，应用数字温度计测量其轴承的温度，滑动轴承外壳最高温度不得超过 70℃，滚动轴承不得超过 80℃

序号	作业	前置任务	作业控制要点
4	风管系统调试	单机无负荷试运转调试	(1) 系统风量的测定内容包括：测定总送风量、新风量、回风量、排风量，以及各干、支风管内风量和送（回）风口的风量等。 (2) 风量调整方法有流量等比分配法、基础风口调整法和逐段分支调整法，调试时可根据空调系统的具体情况采用相应的方法进行调整。 (3) 系统总风量的调整可以通过调节风管上的风阀的开度的大小来实现

6 制冷系统

6.1 制冷机组安装工序作业要点

卡片编码：制冷系统601，上道工序：土建交接。

序号	作业	前置任务	作业控制要点
1	基础检查验收	技术准备	会同土建、监理和建设单位共同对基础质量进行检查，确认合格后进行中间交接，检查内容主要包括：外形尺寸、平面的水平度、中心线、标高、地脚螺栓的深度和间距、预埋件等
2	就位找正和初平	基础检查验收	（1）按照建筑物的定位轴线弹出设备基础的纵横向中心线，利用铲车、人字拔杆将设备吊至设备基础上进行就位。应注意设备管口方向应符合设计要求，将设备的水平度调整到接近要求的程度。 （2）利用平垫铁或斜垫铁对设备进行初平，垫铁的放置位置和数量应符合安装要求
3	精平和基础抹面	就位找正和初平	（1）设备初平合格后，应对地脚螺栓孔进行二次灌浆，所用的细石混凝土或水泥砂浆的强度等级，应比基础强度等级高1～2级。灌浆前应清理孔内的污物、泥土等杂物。每个孔洞灌浆必须一次完成，分层捣实，并保持螺栓处于垂直状态。待其强度达到70%以上时，才能拧紧地脚螺栓。

序号	作业	前置任务	作业控制要点
3	精平和基础抹面	就位找正和初平	(2) 设备精平后应及时点焊垫铁，设备底座与基础表面间的空隙应用混凝土填满，并将垫铁埋在混凝土内，灌浆层上表面应略有坡度，以防油、水流入设备底座，抹面砂浆应密实、表面光滑美观。 (3) 利用水平仪法或铅垂线法在汽缸加工面、底座或与底座平行的加工面上测量，对设备进行精平，使机身纵、横向水平度的允许偏差为1/1000，并应符合设备技术文件的规定
4	拆卸和清洗	精平和基础抹面	(1) 有油封的制冷压缩机，如在设备文件规定的期限内，且外观良好、无损坏和锈蚀时，仅拆洗缸盖、活塞、汽缸内壁、曲轴箱内的润滑油。用充有保护性气体或制冷工质的机组，如在设备技术文件规定的期限内，臭气压力无变化，且外观完好，可不做压缩机的内部清洗。 (2) 设备拆卸清洗的场地应清洁，并具有防火设备。设备拆卸时，应按照顺序进行，在每个零件上做好记号，防止组装时颠倒。 (3) 采用汽油进行清洗时，清洗后必须涂上一层机油，防止锈蚀

6.2 制冷剂管道及配件安装工序作业要点

卡片编码：制冷系统602，上道工序：制冷机组安装。

序号	作业	前置任务	作业控制要点
1	管道预制安装	技术准备	(1) 制冷系统的阀门，安装前应设计要求对型号、规格进行核对检查，并按照规范要求做好清洗和强度、严密性试验。 (2) 制冷剂和润滑油系统的管子、管件应将内外壁铁锈及污物清除干净，除完锈的管子应将管口封闭，并保持内外壁干燥。 (3) 从液体干管引出支管，应从干管上底部或侧面接出，从气体干管引出支管，应从干管上部或侧部接出。 (4) 管道成三通连接时，应将支管按制冷剂流向弯成弧形再进行焊接，当支管与干管直径相同且管道内径小于50mm时，须在干管的连接部位换上大一号管径的管段，在按以上规定进行焊接。 (5) 不同管径管子对接焊时，应采用同心异径管。 (6) 紫铜管连接宜采用承插焊接，或套管式焊接，承口的扩口深度不应小于直径，扩口方向应迎介质流向。 (7) 紫铜管切口表面应平齐，不得有毛刺、凹凸等缺陷。 (8) 乙二醇系统管道连接时严禁焊接，应采用丝接或卡箍连接
2	阀门安装	管道预制安装	(1) 阀门安装的位置、方向、高度应符合设计要求，不得反装。 (2) 安装带手柄的手动截止阀，手柄不得向下。电磁阀、调节阀、热力膨胀阀、升降式止回阀等，阀头均应向上竖直安装。

序号	作业	前置任务	作业控制要点
2	阀门安装	管道预制安装	（3）热力膨胀阀的感温包，应装于蒸发器末端的回气管上，应接触良好，绑扎紧密，并用隔热材料密封包扎，其厚度与管道保温层同。 （4）安全阀安装前，应检查铅封情况、出厂合格证书和定压测试报告，不得随意拆启
3	仪表安装	阀门安装	（1）所有测量仪表按设计要求均采用专用产品，并应由合格证书和有效的检测报告。 （2）所有仪表应安装在光线良好、便于观察、不妨碍操作和便于检修的地方。 （3）压力继电器和温度继电器应装在不受振动的地方

6.3 制冷附属设备安装工序作业要点

卡片编码：制冷系统603，上道工序：制冷机组管道安装。

序号	作业	前置任务	作业控制要点
1	安装前检查	技术准备	制冷系统的附属设备如冷凝器、贮液器、油分离器、中间冷却器、集油器、空气分离器、蒸发器和制冷剂泵等就位前，应检查管口的方向与位置、地脚螺栓孔与基础的位置，并应符合设计要求

序号	作业	前置任务	作业控制要点
2	附属设备安装	安装前检查	(1) 附属设备的安装，应进行气密性试验及单体吹扫，气密性试验压力应符合设计和设备技术文件的规定。 (2) 卧式设备的安装水平偏差和立式设备的铅垂度偏差均不宜大于1/1000。 (3) 当安装带有集油器的设备时，集油器的一端应稍低。 (4) 洗涤式油分离器的进液口的标高宜比冷凝器的出液口标高低。 (5) 当安装低温设备时，设备的支撑与其他设备接触处应增设垫木，垫木应预先做防腐处理，垫木的厚度不应小于绝热层的厚度。 (6) 与设备连接的管道，其进、出口方向及位置应符合工艺流程和设计的要求
3	制冷剂泵的安装	附属设备安装	(1) 泵的轴线标高应低于循环贮液桶的最低液面标高，其间距应符合设备技术文件的规定。 (2) 泵的进、出口连接管管径不得小于泵的进、出口直径；两台及两台以上的进液管应单独敷设，不得并联安装。 (3) 泵不得空运转或在有汽蚀的情况下运转

6.4 管道与设备的防腐与绝热
工序作业要点

卡片编码：制冷系统 **604**，上道工序：管道与设备安装。

序号	作业	前置任务	作业控制要点
1	除锈、去污	技术准备	（1）人工除锈时可用钢丝刷或粗纱布擦拭，直到露出金属光泽，再用棉纱或破布擦净。 （2）喷砂除锈时，所用的压缩空气不得含有油脂和水分，空气压缩机出口处，应装设油水分离器；喷砂所有砂粒，应坚硬且有棱角，筛出其中的泥土杂质，并经过干燥处理。 （3）清除油污，一般可采用碱性溶剂进行清洗
2	油漆施工	除锈、去污	（1）油漆作业的方法应根据施工要求、涂料的性能、施工条件、设备情况进行选择。 （2）涂漆施工的环境温度宜在 5℃ 以上，相对湿度在 85% 以下。

序号	作业	前置任务	作业控制要点
2	油漆施工	除锈、去污	(3) 涂漆施工时空气中必须无煤烟、灰尘和水汽；室外涂漆遇雨、雾时应停止施工。涂漆的方式主要有：1) 手工涂刷：手工涂刷应分层涂刷，每层应往复进行，并保持涂层均匀，不得漏涂；快干漆不宜采用手工涂刷。2) 机械涂刷：采用的工具为喷枪，以压缩空气为动力。喷射的漆流向和喷漆面垂直，喷漆面为平面时，喷嘴与喷漆面应相距 250～350mm；喷漆面如为曲面时，喷嘴与喷漆面的距离应为 400mm 左右。喷涂施工时，喷嘴的移动应均匀，压力宜保持在 0.3～0.4MPa。 (4) 涂漆施工程序：涂漆施工程序是否合理，对漆膜的质量影响很大。1) 第一层底漆或防锈漆，直接涂在工作表面上，与工作表面紧密结合，起防锈、防腐、防水、层间结合的作用；第二层面漆（调和漆和磁漆等），涂刷应精细，使工件获得要求的色彩；2) 一般底漆或防锈漆应涂刷一道到两道；第二层的颜色最好与第一层颜色略有区别，以检查第二层是否有漏涂现象。每层涂刷不宜过厚，以免起皱和影响干燥。如发现不干、皱皮、流挂、露底时，须进行修补或重新涂刷。3) 表面涂调和漆或磁漆时，要尽量涂的薄而均匀。如果涂料的覆盖力较差，也不允许任意增加厚度，而应逐次分层涂刷覆盖。每涂一层漆后，应有一个充分干燥的时间，待前一层表干后才能涂下一层。4) 每层漆膜的厚度应符合设计要求

序号	作业	前置任务	作业控制要点
3	绝热层施工	油漆施工	(1) 直管段立管应自下而上顺序进行，水平管应从一侧或弯头直管段处顺序进行。 (2) 硬质绝热层管壳，可采用 16～18 号镀锌铁丝双股捆扎，捆扎的距离不应大于400mm，并用粘结材料紧贴在管道上，管壳之间的缝隙不应大于 2mm，并用粘结材料勾缝填满，环缝应错开，错开距离不小于75mm，管壳缝隙设在管道轴线的左右侧，当绝热层大于 80mm 时，绝热层应分层铺设，层间应压缝。 (3) 半硬质及软质材料制品的绝热层可采用包装钢带或 14～16 号镀锌铁丝进行捆扎，其捆扎的间距，对半硬质绝缘热制品不应大于300mm，对软质不大于 200mm。 (4) 每块绝热制品上捆扎件不得少于两道。 (5) 不得采用螺旋式缠绕捆扎。 (6) 弯头处应采用定型的弯头管壳或用直管壳加工成虾米腰块，每个应不少于 3 块，确保管壳与管壁紧密结合，美观平滑。 (7) 设备管道上的阀门、法兰及其他可拆卸部件保温两侧应留出螺栓长度加 25mm 的空隙。阀门、法兰部位则应单独进行保温。 (8) 遇到三通处应先做主干管，后做分支管。凡穿过建筑物保温管的套管，与管子四周间隙应用保温材料堵塞紧密。

序号	作业	前置任务	作业控制要点
3	绝热层施工	油漆施工	(9) 管道上的温度插座宜高出所设计的保温厚度。不保温的管道不要同保温管道敷设在一起，保温管道应与建筑物保持足够的距离
4	防潮层施工	绝热层施工	(1) 垂直管应自下而上，水平管应从低到高顺序进行，环向搭缝口应朝向低端。 (2) 防潮层应紧紧粘贴在隔热层上，封闭良好，厚度均匀松紧适度，无气泡、折皱、裂缝等缺陷。 (3) 用卷材做防潮层，可用螺旋形缠绕的方式牢固粘贴在隔热层上，开头处应缠两圈后再呈螺旋形缠绕，搭接宽度为 30～50mm。 (4) 用油毡纸做防潮层，可用包卷的方法包扎，搭接宽度为 50～60mm。油毡接口朝下，并用沥青玛琋脂密封，每 300mm 扎镀锌铁丝或铁箍一道
5	保护层施工	防潮层施工	保温结构的外表必须设置保护层（保壳），一般采用玻璃丝布、塑料布、油毡包缠或采用金属护壳。

序号	作业	前置任务	作业控制要点
5	保护层施工	防潮层施工	(1) 用玻璃丝布缠裹，垂直管应自下而上，水平管则应从最低点向最高点顺序进行，开始应缠裹两圈后再呈螺旋状缠裹，搭设宽度应为1/2布宽，起点和终点应用胶粘剂或镀锌铁丝捆扎。应缠裹严密，搭设宽度均匀一致，无松脱、翻边、皱折和鼓包，表面应平整。 (2) 玻璃丝布刷涂料或油漆，刷涂前应清除管道表面上的尘土、油污。油刷上沾的涂料不宜太多，以防滴落在地上或其他设备上。 (3) 金属保护层的材料，宜采用镀锌钢板或薄铝合金板。当采用普通钢板时，其里外表必须涂敷防锈涂料。立管应自上而下，水平管应从管道低处向高处顺序进行，使横向搭接缝口朝顺坡方向。纵向搭设应放在管子两侧，缝口朝下。如采用平搭缝，其搭缝宜为 30～40mm。有防潮层的保温不得使用自攻螺栓，以免刺破防潮层，保护层端头应封闭

6.5 制冷系统调试工序作业要点

卡片编码：制冷系统 605，上道工序：子分部安装完成。

序号	作业	前置任务	作业控制要点
1	系统吹扫	系统安装	整个制冷系统是一个密封而又清洁的系统，不得有任何杂物存在，必须采用洁净干燥的空气对整个系统进行吹扫。应选择在系统的最低点设排污口。用压力 0.5～0.6MPa 的干燥空气进行吹扫；如系统较长，可采用几个排污口分段进行。此项工作按次序连续反复的进行多次，但用白布检查吹出的气体无污垢后为合格
2	系统气密性试验	系统吹扫	系统内污物吹净后，应对整个系统进行气密性试验。制冷剂为氨的系统，采用压缩空气进行试验；制冷剂为氟利昂的系统，采用瓶装压缩氮气进行试验。对于较大的制冷系统也可采用压缩空气，但须干燥处理后再充入系统。检漏方法：用肥皂水对系统所有焊接、阀门、法兰等连接部位进行仔细涂抹检漏。在实验压力下，经稳压 24h 后观察压力值，不出现压力降为合格。试验过程中如发现泄漏要做好标记，必须在泄压后进行检修，不得带压修补
3	系统抽真空试验	系统气密性试验	在气密性试验后，采用真空泵将系统抽至剩余压力小于 5.3kPa（40mm 汞柱），保持 24h，氨系统压力已不发生变化为合格，氟利昂系统压力会生不应大于 0.35kPa（4mm 汞柱）
4	系统充制冷剂	系统抽真空试验	(1) 制冷系统充罐制冷剂时，应将装有质量合格的制冷剂的钢瓶在磅秤上做好记录，用连接管与机组注液阀接通，利用系统内真空度将制冷剂注入系统。

序号	作业	前置任务	作业控制要点
4	系统充制冷剂	系统抽真空试验	(2) 当系统的压力至 0.196～0.294MPa 时，应对系统再次进行检验。查明泄漏后应予以修复，再充罐制冷剂。 (3) 当系统压力与钢瓶压力相同时，即可启动压缩机，加快充入速度，直至符合有关设备技术文件规定的制冷剂重量
5	负荷试运转	系统充制冷剂	制冷设备的启动应符合设备技术文件的规定

7 空调排水系统

7.1 管道冷热水、冷却水、冷凝水系统安装工序作业要点

卡片编码：空调水 701，上道工序：土建交接。

序号	作业	前置任务	作业控制要点
1	套管制作安装	技术准备工作	（1）套管管径应比穿墙板的干管、立管管径大1～2号。保温管道的套管应留出保温层间隙。 （2）套管的长度：过墙套管的长度＝墙厚＋墙两面抹灰厚度过楼板套管的长度＝楼板厚度＋板底抹灰厚度＋地面抹灰厚度＋20mm（卫生间30mm）。 （3）镀锌薄钢板套管适用于过墙支管，要求卷制规整，咬口接缝，套管两端平齐，打掉毛刺，管内外要防腐。 （4）套管安装：位于混凝土墙、板内的套管应在钢筋绑扎时放入，可电焊或绑扎在钢筋上。套管内应填以松散材料，防止混凝土浇筑时堵塞套管。对有防水要求的套管应增加止水环。穿砖砌体的套管应配合土建及时放入。套管应安装牢固、位置正确、无歪斜。

序号	作业	前置任务	作业控制要点
1	套管制作安装	技术准备工作	(5) 穿楼板的套管应把套管与管子之间的空隙用油麻和防水油膏填实封闭，穿墙套管可用石棉绳填实
2	管道预制	技术准备工作	(1) 下料：要用与测绘相同的钢盘尺测量，注意减去管段中管件所占的长度，还应注意加上拧进管件内螺纹尺寸，让出切断刀口值。 (2) 套丝：用机械套扣前，先用管件试扣。 (3) 调直：调直前，先将有关的管件安装好，再进行调直。 (4) 清除麻（石棉绳）丝：将丝扣接头处的麻丝头用断锯条切断，再用布条等将其除净。 (5) 编号、捆扎：将预制件逐一与加工草图进行核对、编号，并妥善保管
3	管道支架制作安装	技术准备工作	(1) 下料：支架下料一般宜用砂轮切割机进行切割，较大型钢可采用气割切割，切割后应将氧化皮及毛刺等清理干净。 (2) 开孔：开孔应采用电钻开孔，不得采用气割割孔。钻出的孔径应比所穿管卡直径大2mm左右。 (3) 螺纹加工：吊杆、管卡等部件的螺纹可用车床加工，也可用圆板牙进行手工套丝。 (4) 组对、点焊：组对应按加工详图进行，且应边组对边矫形、边点焊边连接，直至成型。 (5) 校核、焊接：经点焊成型的支、吊架应用标准样板进行校核，确认无误方可进行正式焊接。

序号	作业	前置任务	作业控制要点
3	管道支架制作安装	技术准备工作	(6) 矩形：宜采用大锤、手锤等在平台或钢圈上进行，然后以标准样板检验是否合格。 (7) 防腐处理：制作好的支、吊架应按设计要求，及时做好除锈、防腐处理。 (8) 安装支、吊架：用水冲洗孔洞，灌入 2/3 的 1:3 的水泥砂浆，将托架插入洞内，插入深度必须符合设计要求。找正托架，使其对准挂好的小线，然后用石块或碎砖挤紧、塞牢。再用水泥砂浆灌满抹平，待达到强度后方可安装管道。固定在空心砖墙上时，严禁采用膨胀螺栓
4	干管安装	干管支架安装	(1) 干管若为吊卡时，在安装管子前，必须先把地沟或顶棚内吊卡沿墙向顺序依次穿在型钢上，安装管路时先把吊卡按卡距套在管子上，把吊卡子抬起，将吊卡长度按坡度调整好，再穿上螺栓螺母，将管安装好。 (2) 托架上安管时，把管先架在托架上，上管前先把第一节管带上 U 形卡，然后安装第二节管，各节管段照此进行。 (3) 管道安装应从近户处或分支点开始，安装前要检查管内有无杂物。在丝头处抹上铅油缠好麻丝，1 人在末端找平管子，1 人在接口处把第一节管子相对固定，对准丝口，依丝扣自然锥度，慢慢转动入口，到用手转不动时，再用管钳咬住管件，用另一管钳上管，松紧度适宜，外露 2~3 扣为好。最后清除麻头。

序号	作业	前置任务	作业控制要点
4	干管安装	干管支架安装	（4）焊接连接管道的安装程序与丝接管道相同，从第一节管开始，把管扶正找平，使甩口方向一致，对准管口，调直后即可用点焊，然后正式施焊。 （5）遇有方形补偿器，应在安装前按规定做好预拉伸，用钢管支撑，电焊固定，按位置把补偿器摆好，中心加支吊托架，按管道坡向用水平尺逐点找好坡度，再把两边接口对正、找直、点焊、焊死。待管道调整完，固定卡焊牢后，方可把补偿器的支撑管拆掉。 （6）按设计图纸或标准图中的规定位置、标高，安装阀门、集气罐等。 （7）管道安装完毕，首先检查坐标、标高、坡度、变径、三通的位置等是否正确。用水平尺核对、复核调整坡度，合格后将管道固定牢固。 （8）要装好楼板上钢套管，摆正后使套管上端高出地面面层20mm（卫生间30mm），下端与顶棚抹灰相平。
5	立管安装	立管支架安装	（1）首先检查和复核各层预留孔洞、套管是否在同一垂直线上。 （2）安装前，按编号从第一节管开始安装，从上向下，一般两人操作为宜，先进行预安装，确认支管三通的标高，位置无误后，卸下管道，抹油缠麻，将立管对准接口的丝扣扶正角度慢慢转动入扣，直至手拧不动为止，用管钳咬住管件，用另一把管钳上管，松紧适宜，外露2~3扣为宜。

序号	作业	前置任务	作业控制要点
5	立管安装	立管支架安装	(3) 检查立管的每个预留口的标高、角度是否正确、平正。确认后将管子放入立管卡内紧固，然后填塞套管缝隙或预留孔洞。预留管口暂不施工时，应做好保护措施
6	支管安装	立管支架安装	(1) 核对各设备的安装位置及立管预留口的标高、位置是否正确，做好记录。 (2) 安装活接头时，子口一头安装在来水方向，母口一头安装在去水方向。 (3) 丝头抹油缠麻，用手托平管子，丝扣自然锥度入扣，手拧不动时，用管钳子将管子拧到松紧适度，丝扣外露2～3扣为宜。然后对准活接头，把麻垫抹上铅油套在活接口上，对正子母口，带上锁母，用管钳拧到松紧适度，清净麻头。 (4) 用钢尺、水平尺、线坠校核支管的坡度和距墙尺寸，复查立管及设备有无移动。合格后固定管道和堵抹墙洞缝隙
7	管道卡箍连接	管道安装	(1) 镀锌钢管预制：用滚槽机滚槽，再需要开孔的部位用开孔机开孔。 (2) 安装密封圈：把密封圈套在管道口一端，然后将另一管口与该管口对齐，把密封圈移到两管道口密封面处，密封圈两侧不应伸入两管道的凹槽。

序号	作业	前置任务	作业控制要点
7	管道卡箍连接	管道安装	(3) 安装接头：把接头两处螺栓松开，分成两块，先后在密封圈上套上两块外壳，插入螺栓，对称上紧螺母，确保外壳两端进入凹槽直至上紧。 (4) 机械三通、机械四通：现在外壳上去掉一个螺栓，松开另一螺母直到与螺栓端头平，将下壳旋离上壳约 90°，把上壳出口部分放在管口开口处对中并与孔成一直线，在沿管端旋转下壳使上下两块合拢。 (5) 法兰片：松开两侧螺母，将法兰两块分开，分别将两块法兰片的环形键部分装入开槽端凹槽里，在把两侧螺栓插入拧紧，调节两侧间隙相近，安装密封垫要将"C"形开口处背对法兰
8	阀门安装	管道安装	(1) 安装前，应仔细核对型号与规格是否符合设计要求，检查阀杆和阀盘是否灵活，有无卡住和歪斜现象。并按有关规定度阀门进行强度试验和严密性试验，不合格者不得进行安装。 (2) 水平管道上的阀门，阀杆宜垂直向上或向左右偏 45°，也可水平安装，但不宜向下；垂直管道上的阀门阀杆，必须顺着操作巡回线方向安装。 (3) 搬运阀门时，不允许随手抛掷；吊装时，绳索应拴在阀体与阀盖的法兰连接处，不得拴在手轮或阀杆上。

序号	作业	前置任务	作业控制要点
8	阀门安装	管道安装	(4) 阀门安装时应保持关闭状态，并注意阀门的特性及介质流动方向。 (5) 阀门与管道连接时，不得强行拧紧其法兰上的连接螺栓；用螺纹连接的阀门，其螺纹应完整无缺，拧紧时宜有扳手卡住阀门一端的六角体。 (6) 安装螺纹连接阀门时，一般应在阀门的出口端加设一个活接头。 (7) 对待操作机构或传动装置的阀门，应在阀门安装好后，在安装操作机构或传动装置。且在安装前先对它们进行清洗，安装完后还应进行调整，使其动作灵活、指示准确
9	水压试验	管道系统安装完毕	(1) 连接安装水压试验管路，根据水源的位置和管路系统情况，制定出试压方案和技术措施。根据试压方案连接试压管路。 (2) 灌水前的检查：1) 检查试压系统中的管道、设备、阀件、固定支架等是否按照施工图纸和设计变更内容全部施工完毕，并符合有关规范要求。2) 对于不能参与试验的系统、设备、仪表及管道附件是否已采取安全可靠的隔离措施。3) 试压用的压力表是否已经校验，其精度等级不得低于1.5级，表盘的最大刻度值应符合试验要求。4) 试压试验前的安全措施是否已经全部落实到位。

序号	作业	前置任务	作业控制要点
9	水压试验	管道系统安装完毕	（3）水压试验：1）打开水压试验管路中阀门，开始向系统注水。2）开启系统上各高处的排气阀，使管道内的空气排尽。待灌满水后，关闭排气阀和进水阀，停止向系统注水。3）打开连接加压泵的阀门，用电动式或手动试压泵通过管路向系统加压，同时拧开压力表上的旋塞阀，观察压力表升高情况，一般分 2～3 次升至试验压力。在此过程中，每加压至一定数值时，应停下来对管道进行全面检查，无异常现象，方可在继续加压。4）系统试压达到合格验收标准后，放掉管道内的全部存水，填写试验记录
10	系统冲洗	水压试验	（1）冲洗前应将系统内的仪表加以保护，并将孔板、喷嘴、滤网、节流阀及止回阀的阀芯等拆除，妥善保管，待冲洗合格后复位。对不允许冲洗的设备及管道应进行隔离。 （2）水冲洗的排放管应接入可靠的排水井或沟中，并保证排水畅通和安全，排放管的截面积不应小于被冲洗管道截面积的 60%。 （3）水冲洗应以管内可能达到的最大流量或不小于 1.5m/s 的流速进行。 （4）水冲洗以出口水色和透明度与入口处目测一致为合格。

序号	作业	前置任务	作业控制要点
10	系统冲洗	水压试验	(5) 蒸汽系统的宜采用蒸汽吹扫，也可以采用压缩空气进行。采用蒸汽吹扫时，应先进行暖管，恒温1h后方可进行吹扫，然后自然降温至环境温度，在升温暖管后，恒温进行吹扫，如此反复一般不少于3次。 (6) 一般蒸汽管道，可用刨光木板置于排气口处检查，板上应无铁锈、脏物为合格

7.2 水泵、冷却塔、水处理设备 安装工序作业要点

卡片编码：空调水702，上道工序：土建交接。

序号	作业	前置任务	作业控制要点
1	水泵安装	技术准备	(1) 施工前，应对土建施工的基础进行复查验收，特别是基础尺寸、标高、轴线、预留孔洞等应符合设计要求。基础表面平整、混凝土强度达到设备安装要求。 (2) 水泵安装前，检查水泵的名称、规格型号，核对水泵铭牌的技术参数是否符合设计要求；水泵外观应完好，无锈蚀或损坏；根据设备装箱清单，核对随机所带的零部件是否齐全，有无缺损和锈蚀

序号	作业	前置任务	作业控制要点
1	水泵安装	技术准备	(3) 对水泵进行手动盘车，盘车应灵活，没有卡涩和异常声音等现象。 (4) 水泵吊装时，吊钩、索具、钢丝绳应挂在底座或泵体和电机的吊环上；不允许挂在水泵或电机的轴、轴承座或泵的进出口法兰上。 (5) 水泵就位在基础上，装上地脚螺栓，用平垫铁和斜垫铁对水泵进行找平找正，并拧上地脚螺栓的螺母。 (6) 地脚螺栓的二次灌浆时，应保持螺栓处于垂直状态，混凝土的强度应比基础高 1~2 级，且不低于 C25，并做好对地脚螺栓的保护工作。 (7) 用水平仪和线坠在水泵进出口法兰和底座加工面上测量，对水泵进行精平工作，使整体安装的水泵纵向水平度偏差不应大于 0.1/1000，横向水平度偏差不应大于 0.2/1000；解体安装的水泵纵、横向水平偏差均不应大于 0.05/1000。 (8) 水泵与电机采用联轴器连接时，用百分表在联轴器的轴向和径向进行测量和调整，使两轴心的允许偏差：轴向倾斜不应大于 0.2/1000，径向位移不应大于 0.05mm。 (9) 有隔振要求的水泵安装，其橡胶减振垫或减振器的规格型号和安装位置应符合设计要求

序号	作业	前置任务	作业控制要点
2	冷却塔安装	技术准备	(1) 安装前应对支腿基础进行检查，冷却塔的支腿基础标高应位于同一水平面上，高度允许误差为±20mm。 (2) 塔体立柱腿与基础预埋钢板和地脚螺栓连接时，应找平找正，连接稳定牢固。冷却塔的各部位的连接件应采用热镀锌或不锈钢螺栓。 (3) 收水器安装后片体不得有变形，集水盘的拼接缝处应严密不渗漏。 (4) 冷却塔的出水口及喷嘴的方向和位置应正确。 (5) 风筒组装应保证风筒的圆度，尤其是喉部尺寸。 (6) 风机组装应严格按照风机安装的标准进行，安装后风机的叶片角度应一致，叶片端部与风筒壁的间隙应均匀。 (7) 冷却塔的填料安装应疏密适中、间距均匀，四周要与冷却塔内壁紧贴，块体之间无间隙。 (8) 单台冷却塔安装水平度和垂直度允许偏差均为2/1000。同一冷却系统的多台冷却塔安装时，各台冷却塔的水平高度应一致，高度差不应大于30mm

序号	作业	前置任务	作业控制要点
3	水处理设备安装	技术准备	(1) 水处理设备的基础尺寸、地脚螺栓或预埋钢板的埋设应满足设备安装的要求，基础表面应平整。 (2) 水处理设备的吊装应注意保护设备的仪表和玻璃观察孔。设备就位找平后拧紧地脚螺栓进行固定。 (3) 与水处理设备连接的管道，应在试压、冲洗完毕后再连接。 (4) 冬季安装，应将设备内的水放空，防止冻坏设备

7.3 管道与设备的防腐与绝热工序作业要点

卡片编码：空调水系统 703，上道工序：管道与设备安装。

序号	作业	前置任务	作业控制要点
1	除锈、去污	技术准备	(1) 人工除锈时可用钢丝刷或粗纱布擦拭，直到露出金属光泽，再用棉纱或破布擦净。

序号	作业	前置任务	作业控制要点
1	除锈、去污	技术准备	（2）喷砂除锈时，所用的压缩空气不得含有油脂和水分，空气压缩机出口处，应装设油水分离器；喷砂所有砂粒，应坚硬且有棱角，筛出其中的泥土杂质，并经过干燥处理。 （3）清除油污，一般可采用碱性溶剂进行清洗
2	油漆施工	除锈、去污	（1）油漆作业的方法应根据施工要求、涂料的性能、施工条件、设备情况进行选择。 （2）涂漆施工的环境温度宜在5℃以上，相对湿度在85%以下。 （3）涂漆施工时空气中必须无煤烟、灰尘和水汽；室外涂漆遇雨、雾时应停止施工。涂漆的方式主要有：1）手工涂刷：手工涂刷应分层涂刷，每层往复进行，并保持涂层均匀，不得漏涂；快干漆不宜采用手工涂刷。2）机械涂刷：采用的工具为喷枪，以压缩空气为动力。喷射的漆流和喷漆面垂直，喷漆面为平面时，喷嘴与喷漆面应相距250～350mm；喷漆面如为曲面时，喷嘴与喷漆面的距离应为400mm左右。喷涂施工时，喷嘴的移动应均匀，压力宜保持在0.3～0.4MPa。

序号	作业	前置任务	作业控制要点
2	油漆施工	除锈、去污	(4) 涂漆施工程序：涂漆施工程序是否合理，对漆膜的质量影响很大。1) 第一层底漆或防锈漆，直接涂在工作表面上，与工作表面紧密结合，起防锈、防腐、防水、层间结合的作用；第二层面漆（调和漆和磁漆等），涂刷应精细，使工件获得要求的色彩；2) 一般底漆或防锈漆应涂刷一道至两道；第二层的颜色最好与第一层颜色略有区别，以检查第二层是否有漏涂现象。每层涂刷不宜过厚，以免起皱和影响干燥。如发现不干、皱皮、流挂、露底时，须进行修补或重新涂刷。3) 表面涂调和漆或磁漆时，要尽量涂得薄而均匀。如果涂料的覆盖力较差，也不允许任意增加厚度，而应逐次分层涂刷覆盖。每涂一层漆后，应有一个充分干燥的时间，待前一层表干后才能涂下一层。4) 每层漆膜的厚度应符合设计要求
3	绝热层施工	油漆施工	(1) 直管段立管应自下而上顺序进行，水平管应从一侧或弯头直管段处顺序进行。 (2) 硬质绝热层管壳，可采用16~18号镀锌铁丝双股捆扎，捆扎的距离不应大于400mm，并用粘结材料紧贴在管道上，管壳之间的缝隙不应大于2mm，并用粘结材料勾缝填满，环缝应错开，错开距离不小于75mm，管壳缝隙设在管道轴线的左右侧，当绝热层大于80mm时，绝热层应分层铺设，层间应压缝。

序号	作业	前置任务	作业控制要点
3	绝热层施工	油漆施工	(3) 半硬质及软质材料制品的绝热层可采用包装钢带或14～16号镀锌铁丝进行捆扎，其捆扎的间距，对半硬质绝缘热制品不应大于300mm，对软质不大于200mm。 (4) 每块绝热制品上捆扎件不得少于两道。 (5) 不得采用螺旋式缠绕捆扎。 (6) 弯头处采用定型的弯头管壳或用直管壳加工成虾米腰块，每个应不少于3块，确保管壳与管壁紧密结合，美观平滑。 (7) 设备管道上的阀门、法兰及其他可拆卸部件保温两侧应留出螺栓长度加25mm的空隙。阀门、法兰部位则应单独进行保温。 (8) 遇到三通处应先做主干管，后做分支管。凡穿过建筑物保温管的套管，与管子四周间隙应用保温材料堵塞紧密。 (9) 管道上的温度插座宜高出所设计的保温厚度。不保温的管道不要同保温管道敷设在一起，保温管道应与建筑物保持足够的距离
4	防潮层施工	绝热层施工	(1) 垂直管应自下而上，水平管应从低到高顺序进行，环向搭缝口应朝向低端。 (2) 防潮层应紧紧粘贴在隔热层上，封闭良好，厚度均匀松紧适度，无气泡、折皱、裂缝等缺陷。 (3) 用卷材做防潮层，可用螺旋形缠绕的方式牢固粘贴在隔热层上，开头处应缠两圈后再呈螺旋形缠绕，搭接宽度为30～50mm。

序号	作业	前置任务	作业控制要点
4	防潮层施工	绝热层施工	(4) 用油毡纸做防潮层，可用包卷的方法包扎，搭接宽度为 50～60mm。油毡接口朝下，并用沥青玛瑞脂密封，每 300mm 绑扎镀锌铁丝或铁箍一道
5	保护层施工	防潮层施工	保温结构的外表必须设置保护层（保壳），一般采用玻璃丝布、塑料布、油毡包缠或采用金属护壳。 (1) 用玻璃丝布缠裹，垂直管应自下而上，水平管则应从最低点向最高点顺序进行，开始应缠裹两圈后再呈螺旋状缠裹，搭接宽度应为 1/2 布宽，起点和终点应用胶粘剂或镀锌铁丝捆扎。应缠裹严密，搭设宽度均匀一致，无松脱、翻边、皱折和鼓包，表面应平整。 (2) 玻璃丝布刷涂料或油漆，刷涂前应清除管道表面上的尘土、油污。油刷上沾的涂料不宜太多，以防滴落在地上或其他设备上。 (3) 金属保护层的材料，宜采用镀锌钢板或薄铝合金板。当采用普通钢板时，其里外表必须涂敷防锈涂料。立管应自上而下，水平管应从管道低处向高处顺序进行，使横向搭接缝口朝顺坡方向。纵向搭设应放在管子两侧，缝口朝下。如采用平搭缝，其搭缝宜为 30～40mm。有防潮层的保温不得使用自攻螺栓，以免刺破防潮层，保护层端头应封闭

7.4 系统调试工序作业要点

卡片编码：空调水系统 **704**，上道工序：子分部安装完成。

序号	作业	前置任务	作业控制要点
1	水泵单机调试	技术准备	(1) 水泵的外观检查：检查水泵和其附属系统的部件应齐全，各紧固连接部位不得松动；用手盘动叶轮时应轻便、灵活、正常，不得有卡、碰现象和异常的振动和声响。 (2) 水泵的启动和运转：水泵与附件管路系统上的阀门启闭状态要符合调试要求，水泵运转前，应将入口阀全开，出口阀全闭，待水泵启动后再将出口阀打开。点动水泵，检查水泵的叶轮旋转方向是否正确。启动水泵，用钳形电流表测量电动机的启动电流，待水泵正常运转后，再测量电动机的运转电流，检查其电机运行功率值，应符合设备技术文件的规定。水泵在连续运行 2h 后，应用数字温度计测量其轴承的温度，滑动轴承外壳最高温度不得超过 70℃，滚动轴承不得超过 75℃
2	冷却塔单机调试	技术准备	(1) 清扫冷却塔内的杂物和尘垢，防止冷却水管或冷凝器等堵塞；冷却塔和冷却水管路系统用水冲洗，管路系统应无漏水现象；检查自动补水阀的动作状态是否灵活准确。

序号	作业	前置任务	作业控制要点
2	冷却塔单机调试	技术准备	(2) 冷却塔运转：冷却塔风机与冷却水系统循环试运行不少于 2h，运转时冷却塔本体应稳固、无异常振动。用声级计测量其噪声应符合设备技术文件的规定。冷却塔试运转工作结束后，应清洗集水池。冷却塔运转后，如长期不使用，应将循环管路及集水池中的水全部放出，防止设备冻坏
3	空调水系统的调试	设备单机调试完成	空调工程水系统应冲洗干净，不含杂物，并排出管道系统中的空气，系统连续运行应达到正常、平稳。系统调试后，各空调机组的水流量应符合设计要求，允许偏差为 20%。 (1) 冷却水系统的调试：启动冷却水泵和冷却塔，进行整个系统的循环清洗，反复多次，直至系统内的水不带任何杂质，水质清洁为止，在系统工作正常的情况下，用水量仪测量冷却水的流量，并进行调节使之符合要求。 (2) 冷冻水系统的调试：冷冻水系统的管路长且复杂，系统内清洁度要求高，因此，在清洗时要求严格、认真。冷冻水系统的清洁工作属封闭式的循环清洗，反复多次，直至水质洁净为止。最后开启制冷机蒸发器、空调机组、风机盘管的进水阀，关闭旁通阀，进行冷水系统管路的充水工作。在充水时要在系统的各个最高点安装自动排气阀，进行排气